JN258273

紅茶エクスプレス

翡翠色の茶園、琥珀色の時を紡いで

釜中孝 著

セルバ出版

はじめに

すべては、ここからはじまった。

私の紅茶の師匠である紅茶研究家磯淵猛氏と初めてお会いしたのは2005年の7月、スリランカへと飛び立つ成田空港の出発ロビーだった。それから遡ること、2003年の1月頃だったたろうか、ある日、朝刊の一面に掲載された一つの広告に眼が留まった。「紅茶コーディネーター養成通信講座」の案内だった。当時は、この広告が後に私に機縁を呼び込もうとは、もちろん知る由もなかった。今にして思えば、本当に単なる偶然としか言いようがない。件の講座の主任教授をされていたのが磯淵氏であり、氏との出逢いが、私を紅茶の旅へと駆り立てることとなったのである。

紅茶のことを学んでいくと、いくつもの壁にぶつかる。例えば、野生の茶の樹は瑠璃色の地球のどこで発祥したのか。茶の樹の原産地における、その起源の中心地とはいったいどこなのか。紅茶は、いつ、どこで、誰が、どのようにしてつくりだしたのか。いろいろと調べてみても考えてみても、まだまだわからないことがある。しかし、そんな謎があるからこそ、それを追い求めるロマンがあり、紅茶の世界は知れば知るほど奥が深いといえる。

本書に綴った旅のテーマは、そのものズバリ〝紅茶〟である。茶園、紅茶工場、ほかにも紅茶に縁のあるところを、ただただマニアックに、そしてディープに旅する紅茶紀行である。それが証拠に私は、ここを訪れずにスリランカは語れないとも言われるシーギリヤ・ロックや仏歯寺、インドで最も美しいとされる建築物のタージ・マハル、スコットランドの美しい湖水地方へも足をはこんでいない。ロンドンでは大英博物館やバッキンガム宮殿、そしてロンドンの象徴的存在とされるビッグ・ベンさえ目にしていないのだ。人に話せば、いったい何をしに行ったのかと揶揄されそうである。

だが、紅茶紀行だからといって、私は優雅でお洒落な紅茶の華やかさだけを見聞してきたつもりは毛頭ない。紅茶文化の光につつまれた影についても、思いをめぐらしながら紅茶の国を歩いてきたからである。この紅茶紀行を読んで、一人でも多くの方々に紅茶について、そして紅茶の国について興味を抱いていただければと思う。

では、そろそろ紅茶の旅へとスタートすることにしよう。用意は、いいかな。いやべつに、弁当や雨傘は必要ない。「紅茶の旅ってどんなだろう?」という旺盛な好奇心でページを繰ってもらえれば、それでOKである。

いざ、出発!

２０１７年８月

釜中　孝

紅茶エクスプレス―翡翠色の茶園、琥珀色の時を紡いで　目次

第2章 深い河

第5章 遠いアッサム

第6章　夢に見た日々

第1章　ディア・プラッカー

1　はじまりの朝

朝、眼が覚めて時計の針を見る。午前5時。いつもよりずっと早い時刻をさしている。寝ぼけ眼をこすりながら、徐に窓のカーテンを開ける。外を見やると辺りはまだほの暗く、空は低くおりている。しんと、静まりかえった朝である。

私はスリランカのコロンボにいて、宿泊したホテルの朝食は6時からというので、レストランに一番乗りすることにした。早めに朝食をすませ、準備万端、余裕を持って出発したかったのである。

「グッドモーニング・サー。ティー・オア・コーヒー？」

レストランへ一番に入って来た私に、ウエイターが微笑みながら話かけてきた。

「グッドモーニング。ティー・プリーズ」

英語の苦手な私は、そう答えるのが精一杯だ。しかし自然と笑顔を浮かべていた。

やや寝不足気味のせいなのか、朝のコンディションはさほど快適なものとはいえなかった。初めてのスリランカ、それは単に物理的な距離だけではなく、心理的遠さが伴っていた。慣れない南国の気候風土、食事や飲み水など、体調管理には十分に気をつけようと昨夜は早めにベッドへともぐり込んだ。

ところが、である。

録音したものを放送していたのだろうか。どこからともなく流れてくるコーランにも似たお祈りのような音声が耳につき、なかなか寝つけなかったのだ。

持参したガイドブックによれば、スリランカは２０００年の歴史を誇る仏教国だという。人口のおよそ70％が仏教徒で、残りはキリスト教とヒンドゥー教、そしてイスラム教の信者がほぼ同数とのことだ。全体からしてみれば、10％ほどだがイスラム教徒もいるのである。となれば、やはり昨夜の音声はコーランだったのか。ウエイターがティーカップに注いでくれた紅茶を飲みながら、そんなことを考えていた。

このスリランカの旅は、紅茶研究家の磯淵猛先生とともに紅茶の原産地を視察する、いわゆるフィールドワークの旅である。

先生は、神奈川県は藤沢市にて紅茶専門店「ディンブラ」を主宰する傍ら、プロのための技術・経営指導を行い、一般向けには教室やセミナーも開いている。これまでに紅茶の著書も数多く上梓されており、テレビやラジオへの出演、有名飲料メーカーのペットボトル紅茶の商品開発アドバイザーも務めるなど、多方面で活躍しておられる知る人ぞ知る日本紅茶界のカリスマ的存在の人である。

ホテルをバスで出発し、スリランカ島の南部はインド洋沿岸の港町ゴールへと向かう。しかし、このスリランカにおける紅茶の旅は、じつに重苦しい雰囲気のなかではじまったのである。

走る車中、先生からベネット・クレイ氏と現地ガイドのランジットさんが紹介された。彼らは、現地で先生とともに紅茶の会社を起ち上げているとのこと。クレイ氏は、スリランカの元国会議員で副大臣も務めたそうで、保険会社総裁の要職（当時）にあり、ボランティア活動もされている方だ。品のある口ひげをたくわえたクレイ氏は、威厳のある面立ちをしており、大人（たいじん）の風格を感じさせる。ランジットさんは、先生との打合せなど毎年のように来日し、日本のこともよく理解されているようで、とても気さくで話やすい人柄である。先生の紅茶の旅をガイドするようになってからは、紅茶にも詳しいガイドになったのだという。

だが、クレイ氏を紹介する先生は、次第に声を詰まらせてしまう。この半年ほど前、インドネシア西部のスマトラ島沖でマグニチュード9・3の大地震が発生し、多くの国々に甚大な被害をもたらした。スリランカも例外ではなかった。このスマトラ島沖大地震による津波から、クレイ氏も危うく九死に一生を得たのだ。こうして無事な姿のクレイ氏と再会することができた、その思いに感極まった先生、込み上げてくるものを抑えきれずに、涙腺が緩み言葉が声にならなくなってしまったのだ。

スマトラ島沖大地震による甚大な被害を受けたスリランカでは、およそ3万5000人以上の尊い生命（いのち）が失われた。わけても、南部沿岸の港町ゴールは、津波による被害が大きかったという。まずは、そのゴールの町を視察する。

街なかを抜け出したところで、バスが徐々にスピードを上げて走り出した。運転手はさかんにクラクションを鳴らして前のバスを追い越す。追い越し禁止車線など、当たり前かのように無視。後続から走ってくるバスや乗用車もクラクションを長いトーンで鳴らし、私たちのバスを追い越していく。あちらこちらで鳴り響くクラクションの大合唱が頭の芯に突き刺さる。

ゴールの町が近づくにつれ、海沿いの道を走る車窓からは津波の生々しい深い爪痕が、否が応でも眼に入ってくる。津波にのみ込まれて倒壊した家屋。かつて家があったであろうと思われる、それらの場所には瓦礫が散乱している。屋根や窓、ドアが壊され、押し潰されてしまった列車や自動車。列車の車体は無残にも変形していた（図表1）。その凄惨なありさまは、津波による被害が尋常ではないことを物語っていた。

今日では、テレビ報道などで世界各地の事件、事故、災害等の情報がリアルタイムで放送される。スマトラ島沖大地震による被災地の津波被害が報道されると、私はテレビの映像に釘付けとなり、その惨状に胸をふさがれしばらく呆然と立ち尽くしてしまった。しかし、こうして津波にのみ込まれてしまった町をじっさいに目の当たりにすると、津波がどれほど恐ろしいものであるかをあらためて考えさせられずにはいられなかった。

スリランカでは、もう随分と長い間にわたって大きな地震と津波がなく、人びとは過去に起こった津波の被害についてもまったく知らないのだという。津波に対する知識の不足が、より多くの犠牲者を生じさせることとなったのだ。

今回の大地震で、スリランカ沿岸部では最初に1メートルほどの津波があり、その後1キロから

【図表1 津波に押し潰された列車】

2キロにおよぶ引き潮があったという。この引き潮により、海の魚が活きたまま素手で獲れる状態になったため、人びとは海岸に近づいてしまったのだそうだ。「知らない」ということはじつに残酷である。

日本は地震大国で、これまでに何度も大きな地震と津波を経験している。救援物資や復旧・復興援助など日本やさまざまな国からの支援が今後も続くであろう。だが、もっとも必要なことは津波の恐ろしさ、その記憶と教訓をいかに次の世代に伝承していくかということなのではないか。多くの犠牲のもとに学んだ日本人の知識と経験をスリランカの人びとにも生かして欲しい。そんなことをここに来てからというもの、ずっと思いめぐらしていた。

ゴールでは、津波によって住む家を失った人たちのために住宅を建設しているというので、その復興住宅建設地を訪ねる。この震災により家を失った人は、83万人それ以上だとされている。建設作業現場では数人の男性作業員たちが壁の塗装作業や資材をはこんだりしていたが、素人目にも住宅の建設はあまり進捗しているようには見えなかった。南国特有の気候風土からくる国民性なのか、なんにしても時間がかかるのだろう。クレイ氏によると、住宅の数はまだまだ足りないとのことである。

ふと辺りを見廻すと追いかけっこをして無邪気に遊んでいる、年の頃は10歳前後と思しき二人の子どもの姿が眼に入った。果たして彼らの家族、お父さんやお母さんは無事だったのか。住んでいた家は被害を免れたのか。こんな状況下でも明るい笑顔を絶やさないでいる彼らを見ていると、こちらのほうが救われる気がしてくるからまったく不思議である。兄妹なのだろうか、彼らのクリッとした瞳がなんとも可愛らしくて、考えるよりも先にカメラのシャッターを切っていた。

彼らの足元に視線を落とすと、二人とも裸足だった。

2　おいしさを忘れる

コロンボにもどっていた私たちは、次の朝、スリランカの古都キャンディを目指した。古都キャンディは、スリランカ島の内陸部に位置し、その昔シンハラ王朝が栄華を極めた最期の都である。その歴史は紀元前にまで遡るという。

シンハラ王朝は島の北部に栄えていたが、インドからの侵入者に追われて南下を続け、最後の遷都地としたのが南部山岳地帯にあるキャンディの地で15世紀後半のことだった。その後、16世紀に入るとポルトガル、17世紀にオランダ、次いで18世紀にはイギリスによる植民地支配を受けることとなる。19世紀初頭には遂にイギリスに滅ぼされ、３００年以上続いたキャンディ王朝の滅亡は、シンハラ王朝２０００年の終焉でもあった。

バスにゆられることおよそ4時間、ようやくキャンディに到着する。市街地の北へと流れるマハウェリ河のほとりに建つ白亜のホテルを拠点として、まずはキャンディの街なかへと繰りだした。

ぶらりと散策してから、キャンディの中心街にあるホワイトハウス・レストランというところで休憩がてら紅茶をいただく。その外観を一瞥するに、なんの変哲もない、ごくありふれた普通のレストランといった趣である。先生によると、ここホワイトハウス・レストランは、一般庶民がお茶や軽食を楽しむ創立百数十年を誇るカフェ・レストランとのこと。レストランが入っている白壁の建物は、世界遺産にも指定されているのだという。

レストランに入ると、清潔感のある純白の制服姿も凛々しい年配のウエイターが、微笑みながら先生に話かけてきた。彼と、ここを何度も訪れている先生とはすでに顔馴染みのようすである。

【図表2 ホワイトハウス・レストランのコロッケと紅茶】

レストランの入り口にあるショーケースには、見るからにとても甘そうなケーキが何種類もならんでいた。どれもおいしそうである。私は、甘いものには目がないのだ。だが、先生が注文したのは、なんとコロッケだった。
ほどなくして、さっきのウエイターが紅茶とコロッケをはこんできた。よく見ると、日本のコロッケとは少しようすが違うようである。コロッケは二種類で、一つはカトレットといい、もう一つはフィッシュロールというのだそうだ。これらにいわゆるソースではなく、トマトケチャップをつけていただく（図表2）。

ひと口食べてみる。なんとなく辛味があるが、そんなに辛くはない。と思った次の瞬間だった。口のなかに刺激的な辛味が走った。すぐさま紅茶に手が伸びる。紅茶は、その表面がとても泡立ったチャイ風のミルクティーで、こちらは見るからに甘そうだ。安心して、ひと口含む。

「コロッケは超辛ですが、ミルクティーは超甘で、これらをいっしょに食べると口中でのバランスがとてもよいのです。コロッケをひと口食べて辛いと感じるから、次に超甘のミルクティーで口中がリセットされ、また超辛のコロッケが食べたくなるのです。つまり、おいしさとは忘れることなんです。だから、また食べたくなるのです」

たしかに、先生が言われるようにコロッケの超辛、次にミルクティーの超甘、そしてまたコロッケの超辛と、自然と交互に口が欲するのがよくわかる。

スリランカ風コロッケのカトレットは、ジャガイモをベースにツナと玉ねぎ、数種類のスパイスを混ぜ合わせて丸いボールの形に揚げてある。フィッシュロールは、スパイスで炒めたツナと玉ねぎを俵の形にして揚げたもので、どちらもスパイシーな風味である。

3　旅の発端

考えてみれば、人との縁や人生の転機などというものは本当にわからないものだ。私が紅茶の旅をすることになろうとは、私自身まったくもって思ってもみなかったことなのである。私が本格的に紅茶の研究をはじめたのは、２年ほど前のことである。しかし、紅茶専門店を開こうとか、紅茶教室の講師になろうとか考えたわけではない。では、なぜ「紅茶」なのか。それは、まったくの偶然だったとしか言いようがない。

大学の法学部を卒業後に私は、東京で区役所勤めをしながら自己啓発と称して司法書士の受験勉強をしていた。すでに行政書士試験に一発合格していた私は、次は司法書士と意気込んでいたのだ。だが、合格率はわずか２％という難関の国家試験は何度挑戦しても及第点を取ることができなかった。難関資格を取得して箔をつけたい、定年退職後に役立つのではないか、といった生半可な気持ちで合格できるほど甘くはなかったのである。

これといった趣味や楽しみもない私は、司法書士試験を断念し夢やぶれたことで、一変して生活に張り合いというものを失くしてしまっていた。そんなある日、朝刊に掲載された一つの広告に眼が留まった。紅茶コーディネーターの資格養成講座だった。

〈紅茶か。資格がもらえるのか。でも、民間資格だろ〉

資格といえば、国家試験、それも弁護士や司法書士、行政書士などの士（さむらい）資格にしか興味のなかった私は、そのときはさほど気にも留めないでいた。だが、その後何度も掲載されるその新聞広告を見るうちに、紅茶の資格なるものに次第に興味を持ちはじめた。

〈紅茶も、いいかもしれないなぁ。もともと、コーヒーよりも紅茶のほうが好きだし。なにより、楽しみながら学べるところがいい。これまで、かたい法律系の勉強ばかりしてきたから、こういう

やわらか系のものもいいんじゃないかな〉

時間を持て余していた私は、物は試しと、例の新聞広告にあった紅茶講座を受講してみることにした。本当に軽い気持ちからであった。そんな私が、こうして遠いスリランカまでやって来たのには理由があった。講座のテキストを執筆し、その主任教授をされていたのが他ならぬ先生だったのである。

講座のテキストは隅々まで繰り返し読み込み、先生への質問も積極的に何度もした。他にも紅茶に関する本となれば、手当たり次第に何冊も夢中になって読み漁った。これまで知らなかったことを知る、好奇心とはまさに力なり。砂地に水が浸み込むように読んだものが頭に入ってくる感じだった。

そしてスリランカやインドなど、いろんな産地の紅茶を飲んで愉しんでいるうちに私は、紅茶の持つ無限の魅力にすっかりとりつかれた。

ひと口に紅茶といっても、スリランカ、インド、中国、ケニアなど産地により、同じ産地であっても茶園ごとに、その香味はまったく異なるのである。さらには、春、夏、秋といった茶葉の収穫シーズンはもちろんのこと、その年の気候によっても変わる。紅茶といえども、その原料である茶葉は、やはり農産物であるから当然のことともいえる。このように紅茶は、じつに奥が深いのである。こうなると紅茶の本場、スリランカの茶園や紅茶工場を一度はじっさいにこの眼で確かめてみたいものだ、と次第に考えるようになっていた。

4 紅茶の樹がある？

そもそも、紅茶はチャという植物からつくられる農産物だが、じつは紅茶も緑茶も、そしてウーロン茶もその元となる原料は、同じチャの樹なのである。つまり、紅茶の樹というものがあるわけではないのだ。このことは、意外に知られていないようで、紅茶は緑茶とは別の茶葉からつくられると思っている人が多い。

しかし、一般の人がそう考えるのも無理からぬことで、それが証拠に18世紀後半までは欧米の専門家の間でも紅茶はテア・ボヘア（*Thea bohea*：中葉種）、緑茶はテア・ヴィリディス（*Thea viridis*：小葉種）と別々のチャ樹からつくられていると考えられていた。１８４３年（アヘン戦争による南京条約締結の翌年）イギリスの植物学者であるロバート・フォーチュン（１８１２〜１８８０）がロイヤル園芸協会の植物採集員を委嘱されて中国に入り3年間、広東省、福建省、浙江（せっこう）省の茶産地を踏査し、紅茶も緑茶も同一のチャ樹の葉からつくられることが確認され、１８５２年にロンドンで刊行した著書『茶の国支那への旅行記』（A journey to the countries of China）の中で発表している。

では、なぜ同じ植物であるチャの樹から水色（すいしょく）（専門用語で茶液の色のことを指す）や風味の異なる紅茶や緑茶、ウーロン茶ができるのだろうか。

それは、それぞれの茶の製造方法の違いにある。すなわち、チャの樹の葉に含まれる酸化酵素の働きの活性化の程度、つまり発酵の程度の差により、いろいろな種類の茶ができるのである。

この製造方法の違いにより茶は、不発酵茶と半発酵茶と発酵茶の三つに大別される。不発酵茶は、チャの樹から摘んだ生葉に含まれる酸化酵素の活性を熱で止めることにより発酵させないもの。半発酵茶は、発酵の途中で加熱して酵素を破壊することにより発酵作用を停止させる、つまり発酵を途中で止めたもの。発酵茶は、生葉に含まれる酸化酵素を充分に活性化し、完全に発酵させるもの。

すなわち緑茶は不発酵茶、ウーロン茶は半発酵茶、紅茶は発酵茶ということになる（図表３）。

【図表３　発酵の有無と程度による茶の分類】

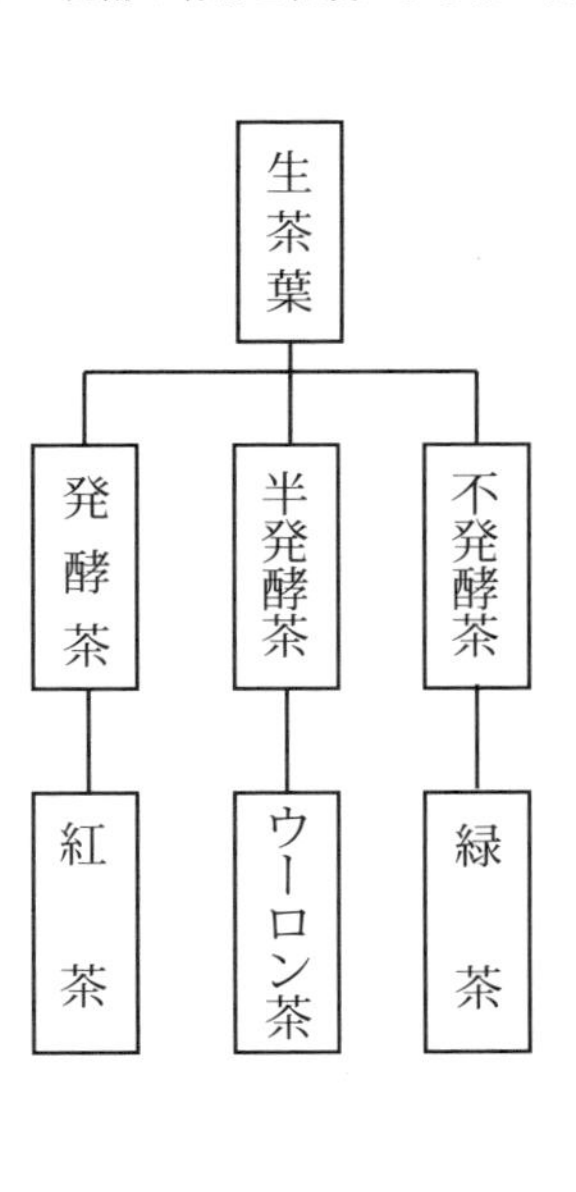

5　中国種とアッサム種

紅茶も緑茶もウーロン茶も同じチャの樹からつくられると言ったが、これは原理的に可能であるという意味であって、じっさいには同一のチャの樹からおいしい良質の紅茶と緑茶とウーロン茶が同時につくられるということはない。

チャの樹には、大別して中国種とアッサム種がある（図表4）。中国種は、樹型は灌木（低木の意）性で地際から多数の幹が出て枝が多く、樹高は放置すると1～2メートルに育ち、耐寒性が強く主として温帯地方で栽培される。葉形は小さく葉の大きさは長さ6～9センチ、幅3～4センチほどで葉先は丸く尖っていない。葉面は濃い緑色でなだらか、葉肉は薄く固い状態。葉脈数は8～10対で、鋸歯数（のこぎりの歯のようなギザギザの歯数）は1インチ（約2・54センチ）当たり30以上と多く、葉の色は赤みをおびた淡い緑色。開花も早く花数が多いのが特徴。

これに対して、アッサム種はというと樹型は喬木（高木の意）性で主幹は一本であり枝はまばらで、樹高は放置すると10メートル以上に育ち、耐寒性は弱く高温多湿の熱帯地方によく生育する。葉形は大きく長さ12～15センチ、幅4～5センチほど、またはそれ以上のものもある。葉先は細長く尖っていて、葉面は淡い緑色ででこぼこ、葉肉は厚く柔軟な状態。葉脈数は10～14対で、鋸歯数は1インチ当たり30以下と少なく、葉の色は緑色または黄緑色。開花は遅く花数が少ないのが特徴となっている。

基本的にアッサム種はタンニン含有量が多く、酸化酵素の活性が強いため紅茶用として適している。中国種はタンニン含有量が少なめで酸化酵素の活性もアッサム種より弱いため、主として緑茶用として適しているが、その強い耐寒性を利用（アッサム種と交雑させるなど）してインドのダージリンやスリランカ高地などの熱帯高地では、紅茶用として栽培されている。

【図表４　中国種とアッサム種の特徴比較表】

	中　国　種	アッサム種
樹　　形	灌木（低木）	喬木（高木）
幹	多数で枝が多い	主幹は１本で枝はまばら
樹　　高	放置状態では１～２ｍ	放置状態では１０ｍ以上
耐寒性	強く温帯地方向き	弱く熱帯地方向き
葉形・大きさ	小さい、長さ６～９㎝、幅３～４㎝、葉先は丸く尖らない	大きい、長さ１２～１５ｃｍ、幅４～５㎝、葉先は細長く尖っている
葉面・葉肉	葉面はなだらかで濃い緑色、葉肉は薄く固い	葉面はでこぼこで淡い緑色、葉肉は厚く柔軟
葉脈数・鋸歯数	葉脈数は８～１０対、鋸歯数は１インチ（2.54㎝）当たり３０以上	葉脈数は１０～１４対、鋸歯数は１インチ当たり３０以下
葉の色	赤みをおびた淡い緑色	緑色または黄緑色
開花・花数	開花は早く花数も多い	開花は遅く花数は少ない
用　　途	緑茶向き。温帯地方では紅茶用として交配植栽	紅茶向き

つまり、紅茶も緑茶もウーロン茶もその元となる原料は同じチャの樹なのだが、それぞれの茶産地の気候風土にあわせて品種の交配などを行い、製造する茶の種類に適したものを植栽しているというわけである。

6　セイロン紅茶の父

ホテルからバスで15分ほど走ったところにその墓地はあった。キャンディのマハイヤワ共同墓地である。朝早くから、それも墓地を訪れるのには、もちろんそれなりの理由(わけ)があってのことである。ここにジェームス・テーラー（1835〜1892）が眠っているため、彼のお墓参りをするのだ。

イギリスはスコットランドに生まれたジェームス・テーラーは、スリランカ、すなわち当時のセイロンで最初に紅茶の栽培を成功させた人物である。それゆえに、彼は「セイロン紅茶の父」とも称されており、スリランカにおける紅茶の旅としては、絶対に外せない場所なのである。

セイロンは1948年にイギリスから独立し、1972年には国名をセイロンからスリランカとした。スリランカとは、現地の言葉（シンハラ語）で「光り輝く島」という意味（「スリ」が光り輝く・「ランカ」が島）だそうだ。ただ、セイロンでの紅茶栽培が大成功し、世界的にセイロン紅茶の呼称が信用され、なおかつ馴染みがあるとして、スリランカ政府の要望で同国で生産された紅茶製品は、現在でもセイロンの名が使用されている。

なお、セイロンという国名の由来については、一説によると昔はるばるアラビア海を越えてきたアラブの船乗りたちがセイロンをシンハリ、あるいはシンハラを彼ら流にサリクと発音し、シンハラに島という意味のディーパ、またはデヴァをつけてシンハラディーパ、またはシレンデーバになって、これが、だんだんセレンディーブ（セレンディブ）と変わって、これがポルトガル人によってゼイランに、オランダ人によってセイラン、そしてイギリス人によってセイロンと呼ばれるように変化していったという話がある。

大通りに面した共同墓地の大きな門扉を開けてなかに入る。すると、入り口からほどなくして管理人室のような小屋がある。が、管理人らしき者はどこにもいない。墓地は私たちのほかには墓参する者もなく、静寂につつまれている。彼のお墓は、墓地の敷地内を入った右手側の一番奥にひっそりとたたずんでいた（図表5）。その墓碑には、次のように記されている。

【図表5　ジェームス・テーラーの墓】

1892年5月2日、57歳でこの世を去ったこの島における紅茶とキナノキ事業の創設者であるセイロン、ルーラコンデラ茶園のジェームス・テーラーを敬虔に偲んで

キナノキというのは、シンコナの木のことである。キナの皮から抽出されるキニーネは一種のアルカロイドで、ペニシリンが発明される以前はマラリア熱の特効薬とされていたという。スリランカにおける紅茶栽培の功績者テーラーへの深甚の謝意とともに、この旅の安全を祈願しつつ静かに墓前で手を合わせた。

ところで、墓碑にあるテーラーの茶園、ルーラコンデラとはいったいどんなところなのだろうか。私は、それからしばらく「ルーラコンデラ」という名前が頭にこびりついたまま離れなかった。

ジェームス・テーラーのお墓参りもすませ、厳粛な気持ちで一路ヌワラエリアを目指す。ヌワラエリア、言い慣れないと舌を噛んでしまいそうな名前であるが、スリランカ紅茶の一つヌワラエリア紅茶の産地がヌワラエリアである。スリランカにはキャンディというなんとも可愛らしい名前の紅茶もあるが、これはキャンディ地方で穫れる紅茶である。スリランカにかぎらず、紅茶というのは産地の地名がそのまま紅茶の名前となっている。

ヌワラエリアは、スリランカ島の南部山岳地帯の中心、標高１８００メートルの高地にあり、東にはウバ、西にはディンブラの大紅茶園がひろがる。スリランカの紅茶産地では、もっとも標高の高いところに位置している。昼夜の気温差は20度にもなるといわれ、その寒暖差が深く濃い朝霧を発生させ、強い陽射しと冷たい霧との絶妙なバランスが良質な茶葉を生み出すという。

ヌワラエリア紅茶は、一般的にその水色は明るく澄んだ薄めのオレンジ色をしており、渋味はやや強めだが快い。どことなく緑茶にも似た、その清々しくグリニッシュな芳香は、日本人好みの紅茶といえるのではないだろうか。

バスはヌワラエリアへと向かって走っていた。車窓を流れてゆく景色を見るともなしに見ていると、年の頃は8歳から10歳くらいの四人の少年たちの姿が忽然と視界に入ってきた。バスがつづら折りになった山道を左折しようとして速度を落とした、まさにその瞬間（とき）だった。

彼らはバスに駆け寄り、その手にした物を窓越しにサッと差し出した。花だ。彼らが握り締めていたのは花束で、どうやら私たちに買ってくれと言っているようだ。彼らは、外国人旅行者の乗った車やバスが通るのを山道で待ち伏せている花売りだったのだ。だが、花束といってもけっして見栄えのいい代物ではない。

もちろん、彼らの商売のためにバスが停車することはなく、つづら折りになった山道を左折し、彼らを尻目にバスは無情にも過ぎ去っていく。バスの後部を振り返りながら彼らの姿が視界から消えたのを確認した私は、山道をゆっくりとはいえ走行しているバスには、やはり追いつけないだろうと思い、少々かわいそうな気にもなった。

だが、そんな思いに浸る暇もないくらい、彼らのほうが一枚上手だった。つづら折りになった山道をバスがゆっくりと左折している間に途中にある急な坂道を駆け登り、バスに先回りして前方にまた姿を現したのだ。再びバスの窓越しに花束をサッと差し出す。こんな光景が、二度、三度と繰り返された。

彼らが、こうして山道で花売りをする、いや、しなければならないほどその日の生活にさえ困窮しているということなのか。もしも花が売れたならば、家に帰って「今日は、これだけ売れたよ」と言って、お母さんにお金を手渡す子もいるのだろうか。それとも外国人旅行者が目当てのゲーム感覚による小遣い稼ぎなのか。私には、その真相はわからない。

だが、そもそも今日は平日で、しかも午前中だというのに学校へは行っていないのだろうか。彼らの身なりを見るかぎりは、一瞥して生活に困窮しているようにも思えない。が、日本ではまず考えられない光景であることは、疑いようもない。

ヌワラエリアに到着したのは午前10時を少し廻った頃だった。バスの車窓ごしに目に飛び込んできたのは、辺り一面緑の景色だった。茶園だ。まるでグリーンベルベットの絨毯を敷き詰めたかのような緑鮮やかな山々の斜面に広大な茶畑がひろがる。ついに、ここまでやって来た。思い焦がれた紅茶の本場、スリランカの茶園が今まさに眼前にひろがっているのだ。

さらにバスで進むと車窓からはなにやら大勢の茶摘みさんたちが集まっているのが見える。バスから降りて近づいて見る。すると、人の背丈よりも大きい三脚のような物に秤を据えつけ、これに袋詰めにした茶葉を吊るしている。摘んだばかりの茶葉の計量なのだ。茶摘みさんの賃金は摘んだ茶葉の量によって決まり、午前と午後の計量ごとに摘んだ重量をカードに記録してもらい、1週間分がまとめて支払われるのだという。先生によれば、こうした茶葉の計量の場面に出喰わすのは、じつに珍しいことらしい（図表6）。

昼食後、腹ごなしがてら少し歩いてヒル・クラブというホテルに向かう。ここでアフタヌーン

【図表６ 摘んだ茶葉の計量】

【図表７ ヒル・クラブの建物とガーデン】

ティーと洒落込む。ヒル・クラブは、イギリス統治時代の１８７６年に建てられた英国風のコロニアルホテルで建物は二階建ての石造り。外壁は薄いグレー色で窓枠は白。こげ茶色の屋根には煙突が五つも見える。その敷地内には緑鮮やかな芝生がひろがり、建物前のガーデンには赤や黄、紫といった色とりどりの花々が咲き誇る。そんな優雅な光景を目の当たりにしていると、まるでイギリスの庭園にでもいるかのような錯覚をおぼえさせられる（図表7）。

このヒル・クラブ、じつはメンバーでないとなかに入ることができない。だが、ランジットさんが手続をし、１００スリランカ・ルピー、1スリランカ・ルピーがおよそ1・1円だから約１１０円で私たちは晴れてヒル・クラブの1日メンバーとなった。メンバーズカードを手に意気揚々となかへ入る。すると、壁一面にはヒル・クラブにまつわる古い写真や文書が、これでもかというくらい数多く額装して飾られている。

応接室のような部屋に通され、お尻が沈んでしまうくらい柔らかいソファーに深々と腰をおろし、ゆるりと座って紅茶を待っていると、ほどなくしてティーセットがはこばれてきた。ティーカップにティーポット、ミルクジャー、シュガーポットのすべてが白磁器にヒル・クラブのロゴと犬の絵柄が鮮やかなブリティッシュ・グリーンで描かれている。とても品のある茶器である。

紅茶は、イギリス式のミルクティーでいただく。先生が手ずからティーメイクする。まず、ティーカップにミルクを入れ、そしてティーポットから紅茶を注ぐ。先にミルク、そして紅茶、いわゆるミルク・イン・ファーストだ。ミルクで紅茶が冷めないようにとティーカップになみなみと注がれる（図表8）。

【図表8　ヒル・クラブのミルクティー】

室内はじつに落ち着きのある雰囲気で、アンティークの家具や調度品類も伝統と格式を感じさせる。ティーカップにたっぷりと注がれたミルクティーは、紅茶の渋味をミルクの甘味がコーティングして絶妙な味わいを醸し出している。

まさに至福のひとときである。

7　早朝の紅茶工場

翌早朝、4時20分に部屋の電話が鳴り響いた。モーニングコールだ。ふだんから朝の5時半には起床する私だが、さすがにこの日ばかりはまだ眠い。洗顔し、身支度を整えてホテルを5時に出発する。これから紅茶工場に行くのだ。

紅茶工場で製茶機械を稼動させて作業を行っているのは、深夜2時頃から明け方にかけての時間帯だという。そのため、早朝でないと製茶作業が終わってしまうのである。深夜から明け方にかけては、紅茶の製造工程に重要となる温度や湿度の変化が比較的少ないので、製茶作業の管理が行いやすいというのがその理由だ。

ホテルから暗闇の道をバスで走ること15分ほどで、ヌワラエリア紅茶のペドロ茶園に到着する。ペドロ茶園は１８８５年に創業した歴史あるティーファクトリーで、７００ヘクタールという広大な茶畑に囲まれている。笑顔で出迎えてくれた、とても体格のよい工場長さんに案内され、さっそく製茶作業を見せてもらう。

紅茶工場に一歩足を踏み入れた、まさにその瞬間（とき）だった。

〈これは、なんだ?〉

気分が、とてもふわーっとしてくる感覚だ。工場内には、今まさに製茶している最中のものすごい茶葉の香りが充満していたのだ。これだけ大量の、しかも新鮮な茶葉の香りを嗅いだのは初めてだった。

このとき、私は「紅茶に酔う?」という感覚をおぼえた。酔うといっても、けっして気分が悪くなるというのではない。むしろ、とても心地よい感覚なのだ。それは、まるでフレッシュな茶葉で入れた紅茶の芳醇でいて、しかも繊細な香りが部屋中いっぱいにひろがっているかのようだった。

私は、茶葉の香りで満たされた空間に体を預けた。

①摘採・プラッキング

工場内を紅茶の製造工程にしたがい、稼働中の製茶機械を順々に見ていく。茶園で摘採された茶葉は、まず工場に集められ、茶葉を萎れさせて含有水分量を約半分にする。この工程を萎凋（いちょう）という。なお、摘採とは専門用語で茶摘みのことである。

②萎凋・ウィザーリング

萎凋は、工場建物の二階で行われていた。そこには、とても大きな木枠の萎凋槽があり、底から3分の2ほどの位置に張られた金網の上には茶葉が一面に積みひろげられている。この金網の下からその日の茶葉の量や天候に応じて調整しながら、12時間から14時間ほど温風をあてるのだという。

【図表9 萎凋槽】

萎凋槽は、長さ20メートル、幅2メートル、高さ1メートルほどはあろうか。二階のフロアには、こうした萎凋槽がずらりと四列もならんでいる（図表9）。しんなりと萎れた茶葉からは、フレッシュなリンゴにも似たなんとも言えぬフルーティーな香りが辺り一面に漂っている。

③揉捻・ローリング

萎凋した茶葉は、二階の床穴から管を通して一階にあるローリン

【図表10 ローリングマシーン】

グマシーン（揉捻機）という機械に送られ、圧力をかけて揉まれる。ちょうど両の掌を水平に合わせて円を描くようにしてグイーン、グイーンという音とともに回転させながら、茶葉を揉むような仕組みである（図表10）。こうして茶葉の組織細胞をつぶして、酸素に触れさすことで活性化させるのである。

そのようすをつぶさに観察すると、ローリングマシーンの台座の円形盤面には、茶葉を細かくするためのねじ切りがついている。先生によれば、エッジというこのねじ切りは昨日墓参したジェームス・テーラーによって考案されたものだとのこと。ねじ切りは、大きさと角度によって製茶に大きな影響をおよぼす部分で、テーラーは何度も試行錯誤を繰り返し改良したのだそうだ。

④揉切・ローターバン

揉捻された後、茶葉はローターバン（揉切機）というベルトコンベアーと金属のローラーとが合体したような機械にかけられ、ミンチ状に破砕される（図表11）。つまり、茶葉をねじ切って細かくし、発酵しやすい状態にするのである。

ここで工場長さんが、揉捻後の茶葉とローターバンにかけた後の茶葉を両の掌に取って見せてくれた。なるほど、見比べてみるとローターバンにかけるとかなり細かい茶葉となっているのが一目

【図表11 ローターバン】

【図表12 ロール・ブレーカー】

瞭然である。そればかりか、茶葉の色も揉捻後のものはまだ緑色であるが、ローターバンにかけた後は茶褐色に変わっているのがよくわかる。この間にも、すでに発酵がすすんでいるということだ。

⑤玉解き・篩分け・ロールブレーキング

破砕した茶葉はロール・ブレーカー（玉解き篩分機）にかけられる。これは、大きな滑り台式の金網つき動力機で、ダダダ、ダダダという音を響かせながら上下左右にゆれ動くベルトコンベアーのような機械である（図表12）。ここでも茶葉のかぐわしい香りがひろがっている。工場長さんによると、ここで茶葉が平均的に酸素に触れることで発酵しやすくなり、発酵のし過ぎや不均等な発酵を防ぐのだという。

⑥酸化発酵・ファーメンテーション

一般的には、紅茶特有の香味が出るよう調節する工程に酸化発酵というものがある。だが、この工場ではいささか手法が異なるという。

「ここペドロの工場では、萎凋から揉捻、そしてローターバンといった工程で自然に起こる発酵をそのまま生かしています。そのため酸化発酵の工程は設けていないのです」

工場長さんが言った。

独自に工夫してのことであろう。が、こうしてじっさいに見聞することで、教科書どおりでは、うまく事がはこばないことも現場では多々あるということを知ることができる。

⑦乾燥・ドライイング

ここで茶葉はドライヤー（乾燥機）に投入され、100度前後の熱風により発酵を完全に止めてしまう（図表13）。乾燥後の茶葉をよく見ると、その形状はよくよじれて、色は黒みがかった茶褐色になっているのがわかる。手に取ってみると固く締まっている。

【図表13 ドライヤー】

⑧等級区分・グレーディング

乾燥された茶葉は熱気を冷ましてから、別室で等級区分け篩分機にかけられる。等級区分け篩分機には、棚段が三つほどあり、これらが円を描くように大きく振動し、大きさの異なる網の目を通して茶葉を一定のサイズごとに区分けしていくのである（図表14）。

等級区分けした茶葉はペーパーサックにパッキングされ、天井まで届くほどに高く積み上げられ

【図表14 等級区分け篩分機】

ていた。ペーパーサックとは、湿気を通さないように内側にアルミが薄く張られた紙製の詰袋である。

私は、てっきりチェストと呼ばれるベニヤ板でつくられた茶箱に詰められるものと思っていた。工場長さんによると、近頃ではコストの軽減と使用後の簡便性からペーパーサックにパッキングされて出荷されるのが主流になりつつあるとのこと。昔ながらのチェストを見たかった私としてはいささか残念ではあったが、紅茶の流通事情の一端を知る、またとない機会となった。

8 ティー・テイスティング

紅茶の製造工程を一通り視察すると、次に工場長さんがテイスティングルームへと案内してくれる。テイスティングとは、つまり紅茶の試飲である。基本的な紅茶の入れ方としては、ティーカップ一杯が約140ccとして一人分が二杯半、一人分の熱湯約350ccに対して茶葉の分量はティースプーンで二杯。このときティースプーン一杯が約3グラム。茶葉は、ティーポットに人数分プラス一杯の分量を入れる。これは、イギリスで昔から言い伝えられている「自分用に一杯、ポット用に一杯（One for me, One for pot.）」ということからきている。

ティーポットに茶葉を入れたら、沸かしたての新鮮な熱湯をポットのなかの茶葉を叩きつけるようにして高さ20～30センチくらいの位置から勢いよく注ぐ。このようにしてお湯を注ぐことで、ティーポットのなかで茶葉が上下に移動、対流し（これを「ジャンピング」という）、紅茶の旨味成分がもっともよく抽出される。そして約3分間蒸らす。

試飲は、このようにティーポットでふつうに蒸らして入れた紅茶を飲むのではない。テイスティング専用の磁器でつくられた蓋つきのカップと受け皿のボウルで抽出した、やや濃い目の紅茶液を飲むのである。

テイスティングルームの窓際には、タイル張りの棚台が設えられており、そこにテイスティングカップとボウルがずらりと13組ばかりならべ置かれていた。紅茶は、同じ茶園で同じ季節に収穫して製茶しても、昨日と今日、そして明日のものとでは香味が微妙に異なる。13個も試飲するのは、そのためである。

分銅秤で正確に3グラムの茶葉を量り、それぞれのカップに入れる。やかんから熱湯150ccを注いで蓋をしたら、砂時計を逆さにして3分間蒸らす。蒸らし時間がきたら蓋をしたままカップの縁にあるギザギザに空いた部分からボウルに抽出液を注いでいき、そのままカップをボウルの上に横向きに置いて抽出液を最後まで注ぎ出す。抽出液を注ぎきったカップはボウルから取り出した後、カップを逆さにしてなかの茶殻をカップの蓋裏に取り出す（図表15）。

蒸らし時間を計るのにデジタルタイマーではなく砂時計というのは、アナログ的なやさしい雰囲気がありなんとなくわかる気がする。が、茶葉の計量に分銅秤というのは、なんとも言えぬクラシカルさで、これがいかにもプロ仕様の道具とでもいうのか、見ていてついつい憧れてしまう。

こうして準備が調うと、まずは先生からテイスティングし、お手本を見せてくれる。抽出液をボウルからティースプーンですくい取り、ズーッと音を立てて空気といっしょに口に吸い込み、のどの奥に吹きかけるようにして勢いよくすする。このとき鼻腔を通って外へ抜け出ていく香気と、茶液を舌の上で転がすようにして味を確認するのである。

【図表 15 ティー・テイスティング】

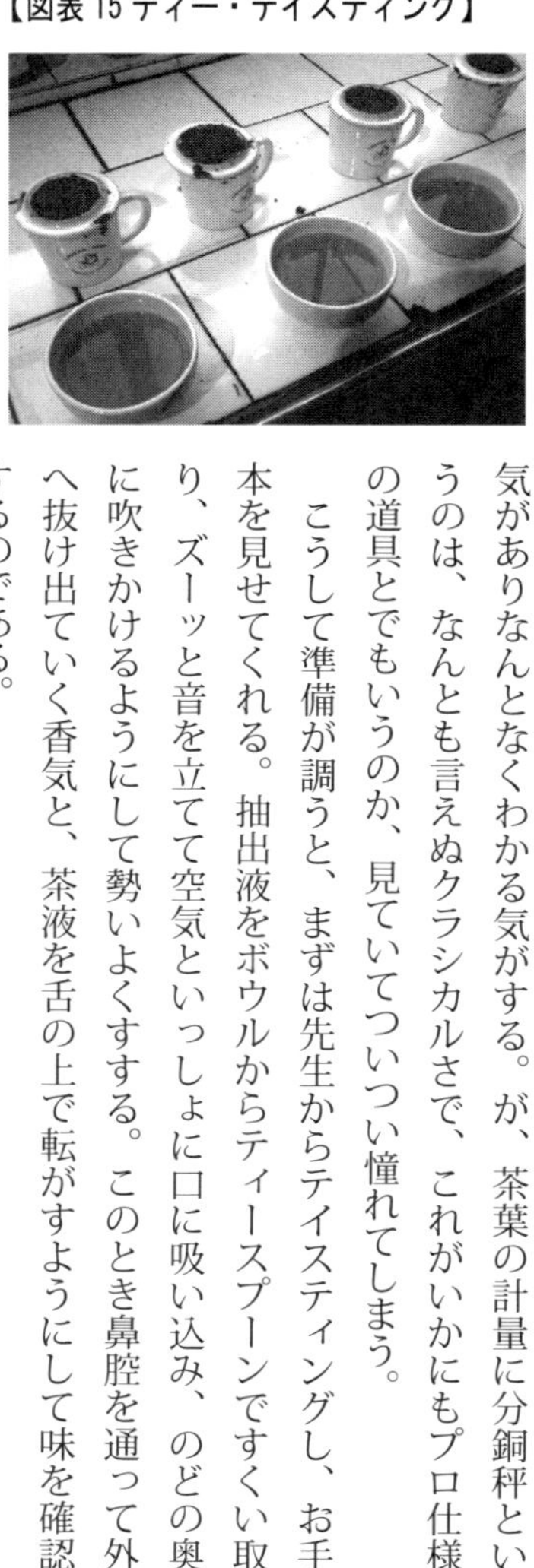

口に含んだ抽出液は、飲み込まずに1、2秒でスピットーンに吐き出す。これは抽出液を飲んでしまうと舌が渋くなってしまい、次々とテイスティングができなくなってしまうからである。スピットーンというのは、茶液を吐き出すための高さ1メートルくらいの筒形の寸胴容器で、底にはキャスターがついており、テイスティングしながら移動させることができる。そして、カップの蓋裏に取り出した茶殻から香りを聞くのである。

さっそく、私も試してみる。だが、どうもうまく茶液が吸い込めない。ズーッと音を立てて勢いよくすすれないのだ。何回やってもうまくすすれない。すすることばかりに気を取られていると、今度は味がわからなくなってくる。そこで、ゆっくりと口に含んで味を確かめていくことにする。

最初のうちこそ微妙に違いがわかったが、13個もテイスティングしているとだんだんと味がわからなくなってくる。飲み込まずにスピットーンに吐き出していたとはいえ、やはり渋味で舌が麻痺してきたのだ。今回はこれもよい経験と思って割り切ることにする。

9　ディア・プラッカー

紅茶工場の次は、いよいよ茶園に入る。ランジットさんが、遠くのほうを指差した。彼の右手が指差す方角に眼をやると、強い陽射しに照らされて一面翡翠色に輝く山の斜面にピンクや黄色、青色、白色が点在しているのが微かに見える。茶摘みさんだとすぐにわかった。それにしても、ここから歩いて行くというのだから相当な距離である。

茶摘みさんたちのいるところにようやく着いたときには、山の斜面を一目散に歩いたせいもあり少し息が上がっていた。それでも本場スリランカの茶摘み風景を目の当たりにすると、思わずカメラのシャッターを切っていた。

近づいてよく見てみると、茶摘みさんたちは頭に日除け用の布をかぶり、膝下くらいまであるスカートのようなものをサリーの上から身に着け、それぞれ色の違うカーディガンを着ている。頭には紐つきのビニール袋を額から引っ掛けて、これに摘んだ茶葉を次から次へと投げ込んでいく（図表16）。足元は裸足で、履いていてもせいぜいビニールサンダルていどである。

【図表16ペドロ茶園の茶摘み】

じっさいに腰まで埋もれる茶畑のなかを歩いてみてわかった。茶の木の枝というのはとても入り組んでいて、これが足に引っ掛かり思うように前へと歩いていけないのだ。慣れているのだろうが、茶摘みさんたちは足に怪我などはしないのだろうか。彼女たちは、毎日このようなところで茶摘みをしているのか、と思った。

「茶の葉は一芯二葉（いっしんにょう）で摘みます。このように先端の芯芽とそれにつながる二枚の若葉をつけ根で摘み取ります。摘むときには、葉のすぐ下の茎まで摘み取ってください。茎を残したまま摘み取ってしまうと茎に栄養分がいってしまって、次に出てくる新芽に十分な栄養がいかなくなってしまうので、必ず茎の下まで摘むようにしてください」

先生の注意事項を聴いた私は、見るからに優しそうな顔つきをしたベテラン風の茶摘みさんに微笑みながら声をかけた。

「ハロー。プリーズ・ティーチ・ミー・プラッキング（こんにちは。茶摘みを教えてください）」

茶摘みさんは、返事をせずにただ笑顔で応える。英語がわからないのか、それとも私の拙い英語が通じないのか。ともかく、先生に教えてもらったとおりに一芯二葉で丁寧に摘んでみる。今、ここで自分が摘んだ茶葉もどこかの紅茶になるはず。そう思うと自然と気合が入る。

摘んだ茶葉を見せて茶摘みさんの表情を窺う。

「これでいいのかな？　グッド、それとも、ノー・グッド？」

「ノー！」

また摘んでみて、もう一度訊く。

「ノー！」

今度は少し期待してみたものの答えはノー。茶摘みさんが見事に素早い手さばきで茶葉を摘み、こうして摘むんだと言わんばかりに見本を見せてくれる。私が摘むのとなにが違うのかわからない。でも、また摘んで見せる。

「グッド！」

今度はいいらしい。いったい、さっきとどこが違うのだろう。何度も繰り返し摘んでは見せ、そしてまた摘んでは見せる。そこで、ようやく「ノー」の意味がわかった。まだ若すぎる小さな茶葉は摘んではだめ。傷んで硬くなったものもよくない。一芯二葉という摘み方はもちろんのこと、どの茶葉を摘むか、といったことも大事だったのだ。

茶摘みは熟練を要する、しかも重労働である。ほんのわずかな時間ではあったが、じっさいに摘んでみて実感した。

茶摘みさんたちの朝は早い。茶園にもよるが大方は朝の7時か8時にはじまり、夕暮れ時にかけてのプラッキング（茶摘み）作業となる。茶摘みは週6日の労働で、一人当たりの1日のノルマは、おおよそ18キログラム。基本日給は日本円にしておよそ２００円。ノルマを超えると、１キログラムにつき賃金が日本円で約10円加算されるという。スリランカは、日本より物価がはるかに安いとはいえ、かなりの低賃金であることは否めない。一方、茶園で働く男性は農薬散布や畝の整備といった作業がおもで、労働時間は午後二時くらいまでと女性プラッカーに比べると短い。が、賃金は女性たちとさほど変わらないともいわれている。

10　紅茶文化の光と影

茶摘みさん（プラッカー）たちの多くはインド系タミル人女性で、もともとはイギリス植民地時代に紅茶プランテーションが本格的に始動したさい、その末端労働者として南インドから海を渡って連れてこられた人びとの子孫である。タミル人女性はＩＤカード（市民権）を取得していないとプラッカー以外に仕事がなく、そういった意味では職業選択の自由はほとんどないといえる。

スリランカの多数派シンハラ人を中心とする政府と独立を主張する少数派タミル人の反政府武装組織との長い内戦〔１９８３年からはじまった内戦は、私がスリランカを訪れた4年後の２００９年に終結〕は、タミル人移民の問題がきっかけとなっている。イギリスからの独立後、政府が当初進めたシンハラ語の公用語政策、進学や就職のタミル人への差別などがその背景にあるとされている。

だが、茶摘みさんたちは、内戦やタミル人移民の問題などとは無縁の生活を送っているかのようにさえ見える。表情はじつに穏やかで、カメラを向ければ笑顔で応えてくれる。私に茶摘みを教えてくれた女性もとても優しかった。

炎天下のなか、女性にとっては長時間の重労働で低賃金という厳しい労働環境ではあるが、それでも毎日決まった仕事があり、なんとか生活していける。日中は茶園で働き、エステート内にあるラインと呼ばれる長屋に帰宅後は、家事や育児と毎日が多忙であるがゆえに政治や社会への関心を稀薄にし、仕事に対する不満も強くは抱かないのだろうか。それとも、人生の選択肢が他にないことからくる諦めなのか。

一つだけ、たしかなことがある。

茶摘みさんたちが、日々丁寧に手摘みをしてくれる、その苦労があるからこそ、私たちは毎日おいしい紅茶を飲むことができる。マイセン（ドイツ）やウェッジウッド（イギリス）、ロイヤル・コペンハーゲン（デンマーク）といったブランドもののティーカップでお洒落にアフタヌーンティー。そんな一見優雅で華やかな紅茶文化にも光と影があるということである。

私は、そのことを、けっして忘れない。

11　親日国スリランカ

ここペドロ茶園では紅茶の販売もしている。いくつかの種類があったが、スリランカ紅茶では一番オーソドックスなブロークン・オレンジ・ペコー、いわゆるＢＯＰ（ビーオーピー）と呼ばれる茶葉の形状が細かい等級のヌワラエリア紅茶を買いもとめた。一箱250グラム入りが150スリランカ・ルピー。日本円にしておよそ165円とは思わず首をひねってしまうくらいの安値である。日本で買うとなれば、1000円以上してもおかしくない。そのパッケージをよく見ると、なぜか日本語の文字が印刷されている（図表17）。

【図表17　パッケージの日本語表記】

ペードロエステート、ヌワラエリア、ペードロエステートで作ったペードロエステート

日本語としての文意はともかく、販売スタッフによるとパッケージに日本語の表記があるのは、ここを訪れる日本人観光客がお土産用に紅茶をたくさん買っていくのが理由だという。

しかし、である。どうも、それだけではないような気がしてならない。スリランカは親日なのだ。私も恥ずかしながら最近まで知らなかったのだが、今から半世紀ほど前に日本を救ったのが、スリランカだともいわれている。けれども、日本人の多くはそのことを知らない。

太平洋戦争で敗戦した日本は、交戦国から莫大な賠償請求を受けており、日本領土の分割統治案まで出されていた。日本はイギリス軍との交戦により、当時の英連邦内自治領セイロンにも空襲などによる被害を与えていた。

だが、1951年のサンフランシスコ講和会議でのことである。セイロンの大蔵大臣ジャヤワルダナ氏が、「憎しみは憎しみでは消えず、愛することによってなくなる」と仏教の教えを引用し、対日賠償請求権を放棄したのである。そればかりか、「アジアの将来にとっては、独立した自由な日本が必要である」とまで主張したのだ。

彼は、後にスリランカの初代大統領となる人物である。

この演説により会議の方向性が大きく変わり、他の植民地国も次々にこれに賛同する。

一説には日本に厳しい制裁措置を求めていた一部の戦勝国をも動かしたともいわれ、日本の国際社会復帰、戦後復興の道へと繋がっていく。もし、日本が分割統治されていたとしたならば、かつての東西ドイツや今なお南北に分断された朝鮮半島のようになっていたかもしれないのである。

そんな敗戦国日本を救ったスリランカが、スマトラ島沖大地震による津波の被害を受け、多くの人たちが困窮している。日本人の一人として、なにができるのか考えてみた。義援金を募ることも一つの方法だろう。主要な輸出産業である紅茶をたくさん買うことでもいいかもしれない。だが、スリランカに行くことが、なによりの援助なのではないだろうか。

私たち日本人は、もっともっとスリランカのことを知るべきである。

いや、むしろ「スリランカを知ることは、自分たちの国、日本のことをもっと知ること」にはなるまいか。

紅茶のパッケージに印刷された日本語の表記を見ながら、私はしきりにそんなことを考えていた。

12　スリランカのカリー

翌日、マウント・ラヴィニアに向かう。マウント・ラヴィニアは、コロンボの南約12キロに位置する海岸沿いの町である。つまり私たちは、キャンディ、そしてヌワラエリアと島の内陸部へ向かい、そこから再び島の南部へともどって来たのである。

途中、少し早めの昼食にカレーを食べることになった。ホテルの食事は、朝食も夕食も基本的にバイキング形式で好きなものを好きなだけ食べられる。バイキングにも数種類のカレーがならんでいたが、辛いものが苦手な私は、色合いを見てはなるべく辛くなさそうなものを少しだけ食べていた。

ランジットさんによれば、スリランカの人びとは朝、昼、晩と1日3食、毎日カリーだという。カレーではなく、カリーである。スリランカのカリーは、日本のカレーライスとは趣が異なる。カリールーは、日本のようにジャガイモ、肉、ニンジン、玉ねぎなどがすべていっしょくたに入っているのではなく、シャガイモはジャガイモだけ、豆は豆だけのルーというように別々になっている。これら何種類もあるカリールーの中から好みのものを自分のお皿に盛ったご飯のまわりにスプーンで取り、ルーごとにご飯とかき混ぜて食べるのである（図表18）。

カリーの味はというと、日本のカレーに慣れているとやや香辛料が強く少し癖のある感じをおぼえるが、食べ慣れるとそうでもなくなる。私がスリランカに来てからホテルや街なかのレストランで食べたカリーのルーは、日本のカレーよりも汁気の少ないややドライな感じのものである。

今日の昼食は、そのスリランカのカリーを十分に堪能しようというのだ。しかも、スリランカ式にスプーンを使わず、なんと素手で食べるのだという。

「右手の小指以外の指先でご飯とルーを取って混ぜ合わせ、親指の爪のほうで押し出すようにして口にはこんでください」

ランジットさんから食べ方を教わり、日本の粘着感のあるお米とは異なるパサパサ感のあるご飯、インディカ米だろう、これに肉やジャガイモ、豆、野菜といったなかから好みのルーを適当に皿に盛りつける。言われたとおりに右手の指先でご飯とルーを混ぜ合わせ、親指で押し出すようにして口にはこんでみる。

【図表18 スリランカのカリー】

食作法という文化の違いからなのか、やはり食べていてどことなく違和感をおぼえる。思うようにうまく口にはこべないのだ。素手で食べるのに慣れていないこともあってか、食べるのにやたらと時間がかかってしまう。カリーの味もだんだんとわからなくなってくる。

廻りをよく見ると、この日来店していた外国人旅行者には欧米人の姿が多く見受けられる。だが、スリランカ式にスプーンを使わずに素手で豪快にカリーを食べていたのは、私たちだけであった。

カリーを十分に堪能した後は、食後のデザートにフルーツの小鉢盛り、そしてもちろん紅茶をいただく。紅茶は、ＢＯＰタイプの茶葉を使用したセイロンティーのブレンドと思われる。やや抑え気味の上品な渋味で、すっきりとしたあと口である。ひと口、ふた口と口に含んでいくにつれて、カリーのやや強めの香辛料で満たされた口中が徐々にリセットされていくのがよくわかる。

カリーを食した後の口直しには、やはり紅茶が一番合うと私は常々思っている。日本のカレー専門店などでは、よくセットの飲み物に、まるで決まり事であるかのようにコーヒーがついてくる。だが、よくよく考えてみると、スリランカ然り、インド然り、カリーの本場である国は、いずれも紅茶の国である。スリランカ、そしてインドの人たちはカリーを食べた後は、もちろん紅茶を飲んでいるのである。

そんなことに思いをめぐらし紅茶を飲みながら、カリーで満腹になった満足感から、しばしゆったりと寛ぐ。お店のテラスは湿気の少ないスリランカ特有の爽やかな暑さであるが、それでも時折涼しげな微風が顔から首筋へと心地よくぬけていく。

が、やはり右手の指についたカリーが気になって仕方がない。食事の前後をとおして手拭きなどもなく、カリーが指につくがままにまかせていたのである。どうにも我慢しきれずに洗面所へ行くが、ここでも石鹸らしき類はどこにも置かれていない。やむを得ず、ただひたすら水道の水で洗い流す。右手の指と爪の間からは、スリランカのカリーの匂いがいつまでもほのかに漂っていた。

第2章　深い河

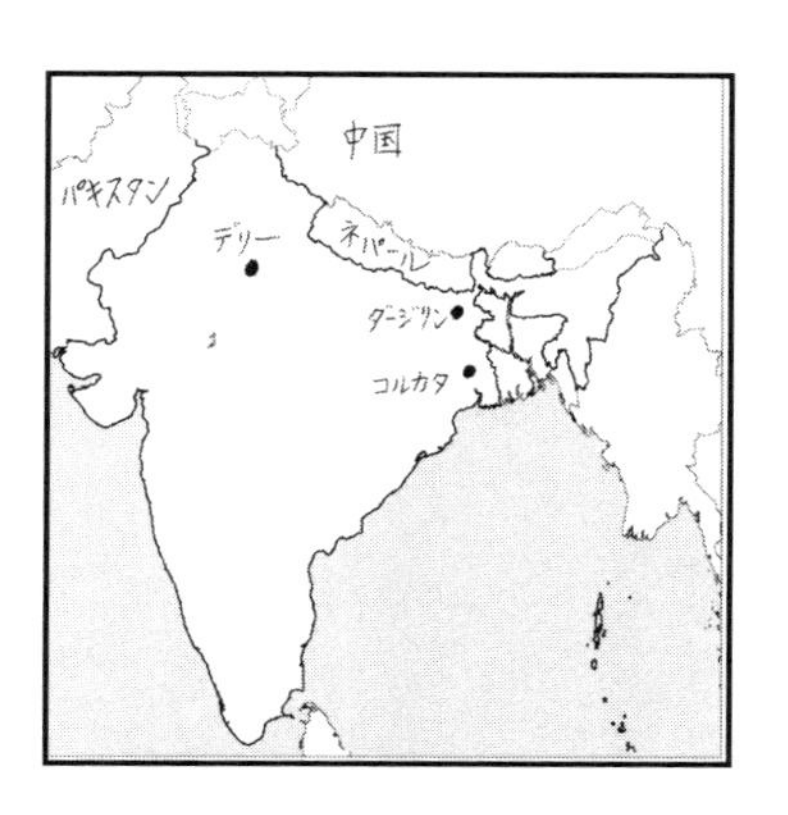

1　コルカタのチャイ屋めぐり

岸辺に連なる石段では、両手で河水をすくっては体に、そして頭から浴びせかけている人びとの姿が見える。ヒンドゥー教徒の沐浴だ。ヒンドゥー教徒にとってガンジス河は、偉大な母として崇められており、巡礼の目指す処そのものなのだ。

眼前にひろがるガンジス河の水面は、ゆったりと音もなく、穏やかに流れている。しかし、その灰黒に濁った河水からはけっしてなかを窺うことはできない。深い。一瞥しただけでそう感じさせるたたずまい。

母なる河。聖なる河。すべてのものを飲み込んでしまうかのような生と死が入り混じった、深い河。河面を深紅に染めて、水平線にゆっくりと沈みゆく夕陽を見つめながら、私はたしかにインドの時の流れのなかにいる、そう思わずにはいられなかった。

「釜中さん。今度、インドに行くんでしょ。だったら、行く前にこの本を読んでみたらどうかと思って」

そう言いながら職場の本永さんが差し出した一冊の単行本は、遠藤周作の『深い河』だった。

「遠藤周作かぁ。読んだことないな。違いがわかるかなぁ。でも、ありがとう。読んでみるよ」

とてもよい作品だから、インドに行くのなら是非読んだほうがいいと彼女に勧められるままに、

私は その日から『深い河』を読んでみることにした。

〈インド。深い河。ガンジス河の話かな?〉

ふだん、小説といったものをまったく読まない私は、軽い気持ちでページを繰っていった。どうやら宗教的な話らしい。小説の登場人物たちは、インド行きツアーのメンバー。それぞれが過去に、そして現在に悲しみや苦しみを抱え、そんな彼らをインドへと誘う。愛とは、人生とは、神とは何か、重い問いが読後に残った一冊だった。


朝早くにホテルを出て、コルカタへと出発する。コルカタは、カルカッタといったほうがわかりやすいだろうか。インド東部は西ベンガル州の州都であるコルカタは、かつて英語圏では英語化された発音でカルカッタと呼ばれていた。が、現地の言葉であるベンガル語ではコルカタと呼ばれており、2001年に正式にコルカタに改称されたそうだ。現地ガイドのサン・ジープさんによると、カルカッタのほうが世界的に馴染み深いためか、今でも英語綴りであるカルカッタが使われることが多いという。

空港に着くとフライト予定時刻が、およそ1時間後に変更されていた。しばし待たされることとなった。外国ではよくあること、ましてや飛行機ともなれば当然ともいえる。こうしたことも予定のうち、と考えれば自然と腹も立たないというものである。

空港のセキュリティ・チェック、いわゆる手荷物検査とボディチェックであるが、これが成田空港よりもかなり厳しい。９・11、２００１年アメリカ同時多発テロ以降、国際テロの警戒レベルは最高度となっている。インド行きの２か月前には、ロンドンのヒースロー空港でイギリス旅客機爆破未遂事件も起きている。セキュリティ・チェックが厳しいのはやむを得ない。

機内持ち込み手荷物には液状、ジェル状の物などは持ち込めない。化粧品類や歯磨き粉といった物もダメである。私のショルダーバッグに入れておいた使い捨てライターも、あえなく検査官に見つかり投げ捨てられるようにして没収されてしまった。

正午過ぎにコルカタに到着すると、ガイドのポールさんが出迎えてくれた。デリーのガイド、サン・ジープさんも同行しているのだが、デリーの主要言語がヒンディー語であるのに対し、コルカタのある西ベンガル地方の主要言語はベンガル語なのだという。そこで、コルカタではコルカタのガイドを頼んだという次第である。

【図表19 チャイの器・クリ】

ホテルで昼食をすませ、まずはバスでコルカタの街なかへと繰りだす。お目当てはチャイである。コルカタのチャイ屋めぐりをするのだ。

バスを降りてしばらく歩くと、通りにならぶ店のなかに一軒のチャイ屋があり、すでに人だかりができている。ふと辺りを見廻すと、チャイ屋の前にある太い幹をした街路樹の根本にクリが無造作に山積みされているのが眼に留まった。その一つを手に取って見せながらポールさんが言う。

「クリは、今でも使われていますよ」

「クリ」というのはチャイ専用の茶飲み茶碗で、いわゆる素焼きでつくったぐい呑みのような形をした小さな器である（図表19）。チャイの本場インドでも、最近はこのクリを使わずにグラスやプラスチック製のコップで提供するお店も増えてきていると聞いていた。それでは、なんとも興醒めと思っていたところにクリが登場し、ホッと胸をなでおろす。

このチャイ屋は、雨露がしのげる程度の店舗で営業しており、地面から1メートルほどの高さに据えられた舞台式の台座上に道具類がならべられている。そこで、シャツにステテコ姿の白髪まじりのオヤジさんが、しゃがみ込んで次から次へとチャイをつくっては売るというスタイルである。

チャイのつくり方を見ていると、とても大きいアルミ製マグカップの内側に布製の茶漉しであるネルを敷く。その中に必要分量のアッサムの茶葉、それも細かいファニングスと呼ばれる茶葉を入れる。そこにぐらぐらと沸騰させたお湯を柄杓で注いで紅茶液を抽出し、前もって沸かしておいたミルクを入れたら攪拌する。お湯とミルクの分量は、おおよそお湯が4から3に対してミルクが6から7の割合とのこと。

ネルの四隅を持って柄杓の柄を差し込んだら、ぎゅっと搾り茶葉を漉す。これでもか、というくらいにまるで親の仇のごとく搾り出す。けっして一滴たりとも無駄にはしない。それから砂糖、ジンジャー、カルダモンなどを加えて味を調える。

【図表20 チャイをつくるようす】

もう片方の手には、やはりとても大きい空のマグカップを持つ。ここで紅茶の入っているマグカップを高い位置に上げ、これを低い位置に持った空のマグカップへと上から勢いよく注ぎ移す（図表20）。これをまた元のマグカップに勢いよく上から注ぎ、これを何回か繰り返して泡立たせる。こうすることによって適度に酸素が入り、甘味が増してまろやかに仕上がるのだという。こうしてチャイができあがったらクリに注ぐ。クリに入るチャイ一杯の分量は約40から50ｃｃである。見ると、クリに注がれたチャイの表面がまだ泡立っている（図表21）。

いよいよ、本場インドのできたてのチャイを味わう。チャイの注がれたクリはとても熱いので、自然と親指と人差し指で縁をつまんで持つ。クリの縁にそっと唇をつけると素焼きだからだろう、ざらついた感触をおぼえる。

ちびちびと唇の先で飲んでみる。とても甘い。アッサム茶の濃厚な強い渋味がミルクでまろやかになっている。しかも、ほのかにジンジャーのピリッとした風味が漂う。甘味のなかにもスパイシーな風味が利いているところが、なんとも言いようもなくおいしいのだ。チャイは小一杯が４ルピー、１ルピーが２・５円として約10円、大一杯が６ルピー、約15円である。

本来、素焼きでつくられたチャイのクリは飲み終わったら、その場で地面に投げつけて割る。つまり使い捨てのポイ捨てである。こうすることによって人に踏まれたりしているうちにまた泥にもどり、やがてはインドの土に還る。日本の路上では空き缶やペットボトルなどが、ポイ捨てされているのをよく見かけるが、それを考えるとクリはじつに地球にやさしい…。はずであった。

ところが、である。

チャイ屋のまわりをよく見廻すと路面が舗装されているため、投げ捨てられたクリは土に還らずにゴミになってしまっているではないか。土からつくり、そして土に還る。チャイのクリは究極のエコだったはずである。それが、路面がきれいに舗装されることによって、エコの循環が断ち切られてしまったのだ。チャイの伝統的な器であるクリが、いまだ残っていたことはひどく嬉しかったが、どうにも複雑な思いである。

【図表21　できたてのチャイ】

さらに、チャイ屋を探しもとめてバスで移動する。車窓から通りを眺めるともなく眺めていると、思いがけない光景に出喰わした。白いダボシャツにステテコ姿のオヤジさんが、向かい合わせに腰掛ける若い男性のヒゲを剃っているのである。お客らしきその男性は、上半身裸で肩から赤いタオルを掛けている。この路上理髪店なるものは、ポールさんによると散髪とヒゲ剃りで11ルピー、約28円、散髪のみが９ルピー、約23円が相場だという。日本でもまだ私が小学生だった頃には、ちょっ

と大きな駅前の路上では靴磨き屋が出ていたのを憶えている。それも最近はほとんど見かけることがなくなった。だが、路上での散髪、ヒゲ剃りというのは初めてである。

二軒目に訪れたのは露天商スタイルのチャイ屋。路上の一画を占拠し地面に道具類一式をならべ、それらを前に胡座を組んでチャイをつくるスタイルである。チャイをつくっているのは、白いランニングシャツに短パン姿の二の腕の太い男性である（図表22）。

【図表22 露店のチャイ屋】

見ると、おそろしく年季のはいった真っ黒焦げの鍋で茶葉を煮出しているところだった。鍋は外側のみならず、内側にまで焦げがびっしりとこびりついている。すると、チャイ屋を囲むようにして大勢の人が集まって来た。私たち日本人という珍客のためかと思ったが、チャイ屋のまわりには毎日こうして人が集まるのだという。

「チャイを買って飲む人もお金がなくて買えない人も、こうしてチャイ屋のまわりに集まってきます。お金に少し余裕のある人は、チャイを買えない人におごってあげるんです。これもインド式の施しなんです。だからチャイを買えない人は1日中ここにいたら、一杯のチャイが飲めるかもしれないんです」

先生が言われるように、チャイ屋のまわりには人が大勢集まって来ているが、チャイを買って飲んでいる人ばかりではない。なにやら話込んでいる人、ただぼんやりと眺めている人などさまざまである。だが、インドの大衆にとってチャイは国民的娯楽であり、チャイ屋はなくてはならないものであることだけはたしかなようだ。

ここでは一杯が２ルピー、約５円。とても大きな鍋でチャイをつくっている。やはりとても大きいアルミ製マグカップにできあがったチャイを入れ、もう一つ空のマグカップに勢いよく上から注ぎ移すことを繰り返し、そこからクリに注ぐ。このお店のクリは先ほどのお店の物よりもひと回り小さめである。

チャイの味は、意外にもややあっさりとした風味で個性が弱い分やさしいあと口をおぼえる。ただ個人的な感想を言えば、一軒目のチャイのほうが強い甘味とほのかに利いたスパイシーさがいかにもチャイらしい風味で、私好みである。

2　インド人の物乞い

チャイ屋を後にし、コルカタのマーケット街を散策する。なにか面白そうな店はないかと、マーケットの大通りを歩いていると私の左後方になにやら人の気配がする。

〈ん？　なんだ？〉

「マネー。マネー。マネー」

驚いて振り返ると、汚れたサリーを着たインド人と思しき一人の中年女性が、私にぴったりとくっついて来るではないか。しかも、彼女はその右手の甲をしきりに私の左腕に強く押し当てながら、「お金。お金」と声を上げている。

インド人の物乞いだ。

ガイドブックなどで知ってはいたが、じっさいに出喰わすとなると、やはりどうしてよいのかわからない。

私は、彼女を無視して歩いた。

「マネー。マネー。マネー。マネー」

なおも、彼女は私から離れずにお金をくれとついて来る。

「マネー！　マネー！　マネー！　マネー！」

その語気も次第に強くなってきた。

そんな彼女の強引なまでのお金の要求と外国人旅行者からお金を貰うのは、むしろ当たり前とまで言うかのような、その態度に私はだんだんと腹立たしさをおぼえた。

心臓部のある左胸に手を強く押し当てられたことが、無意識のうちに私の自己保存本能を強く掻き立てたのかもしれない。

「ノー・マネー！　ノー・マネー！　お金は持ってないよ！」

英語に日本語も混じり、私は強い口調で彼女を冷たくあしらった。それでも彼女はつきまとってきた。が、なおも無視してしばらく歩き続けると、ようやく諦めたのか人ごみのなかへと消えていった。

インドではこうした物乞いをすることでしか、その日その日を生きていけない人たちが大勢いるという。そういう人たちに対する施しの精神もあるいは必要なのかもしれない。ただ、私のような外国人旅行者がその都度お金をあげればよいのかというと、それはいささか違うと思う。根本的な問題の解決にはならないからだ。インドを旅していて物乞いに遇ったときどう向き合ったらいいのか、これはとても難しい。

ホテルのレストランで夕食を終えたのち、部屋でこれまでに撮影した写真を確認していると、どうもデジタルカメラのようすがおかしい。どうやら、オンとオフの起動スイッチがバカになってしまったらしい。私のデジタルカメラは、乾電池を入れて使用するタイプのものである。ならばと、スイッチをオンにしたままで乾電池が納まるところの底蓋を浮かしておいて、いざ撮影するときにこの底蓋を閉めて乾電池を接触させ、撮影したらどうだろうかと考えた。試してみると使い勝手は不便だが、それでもなんとか撮影はできそうだ。

明日以降の撮影を心配しながらも、どうにかなるだろうと楽観的に考えベッドにもぐり込んだ。

3 ティーオークション

朝食をすませ、ホテルのフロントロビーの辺りをぶらぶら歩いていると笑顔がとても素敵な女性従業員が眼に留まった。彼女はインド人に特有の彫りの深い顔立ちではなく、少しぽっちゃりとした丸顔でとても大きな瞳をした可愛らしい表情をしている(図表23)。外国人の歳などというものは、それも女性ともなればなおさらのこと、よくはわからないのだが20代前半と見える。

【図表23 ホテルの女性従業員】

「グッドモーニング。あなたの写真を撮らせてもらってもよろしいですか」

壊れかけのカメラを片手に中学一年生レベルの拙い英語で話かける。すると、彼女は満面の笑みで快く応じてくれた。ほんのちょっとしたことではあるが、なんとはなしに嬉しい心持ちになった。

気をよくして調子に乗った私は、また別の女性従業員にも同じように声をかけた。

こちらの女性は20代後半くらいか、インド人らしい彫りの深い整った顔立ちをしている。いかにもキビキビとしていて、仕事のできそうな感じである。

すると彼女は、ホテルのフロントのほうを左手で指差しながらなにやら話はじめた。だが、私にはなんと言っているのかがまったく聞き取れない。もう一度ゆっくりと話てくれるよう二回ほど頼んでみるが、やはりわからない。

写真を撮ること自体がダメと言っているようにも聞こえない。あるいは撮った写真を後日送って欲しいとでも言っているのだろうか、と当てずっぽうに想像してみる。例えば、フロントで住所の控えを渡したいとか。もちろん、撮った写真を送ることなど一向に構わないのだが、彼女からは写真や住所などといった英単語は聞き取れない。

私は、彼女とのやりとりがだんだんと面倒になってきてしまった。仕方がないので、英語は苦手で話の内容がわからないからと丁重に謝り、その場から立ち去ることにした。すると、彼女から掌を軽く上げながら首を傾げるポーズをされてしまった。自業自得、身から出た錆ともいえなくはないが、朝からなんとも後味の悪い思いをしてしまった。

先生が、今日の日程を一部変更するという。

「こちらは明後日行くダージリン、ジュンパナ茶園のオーナー、シャンティーヌさんです。たまたま今日コルカタに来ていて、これからコルカタで開催されるティーオークションに招待してくれることになりました」

これは、なんとも嬉しいサプライズだ。

ティーオークションといえば、茶葉の取引が行われるところだ。テキストで写真を見たことがある。オークションには事前に登録されたブローカーとバイヤーでないと参加することができない。

もちろん、一般人は会場のなかに入ることさえできないのだ。それが、今日これからじっさいにオークションをしているところを見ることができるというのだから期待と興奮で胸が高鳴る。

ホテルをバスで出発し、ティーオークション会場のニルハット・ハウスへと向かう。到着したときは、ちょうどダージリン茶のオークションをしているところだった。インド紅茶の一大中心地がコルカタで北東インドの茶葉の大半が、ここで売買されては港から世界各国へと輸出されていくのだ。

【図表24 ティーオークション会場】

オークション会場に入る。なんとも言えぬ張り詰めた空気である。オークション会場の前方に座っているのは、おそらくは進行役だろう。三人が前向きに座り、それに対峙するようにして緩やかな階段状にバイヤーの座席がならぶ。大学や予備校といった大講義室を思わせる感じだ（図表24）。

バイヤーたちは、皆一様に真剣な面持ちで、ティーカタログを見つめている。彼らは、事前にサンプルをテイスティングし、茶葉の格付けをしてからオークションに望んでいるのである。

オークションは活気にあふれ、次から次へと競り落とされていく。ここでも壊れかけのカメラでいろいろとアングルを変えては撮影しまくった。

4　母なる河・ガンガー

昼食をとるため、コルカタの街なかにある中華料理店に入る。カリーにいささか飽きかけていた私には、中華がおいしかった。昼食後は、ガンジス河でクルージングをする。つもりだった。だが船着場へ向かう途中に雨が強く落ちてきたので、予定を入れ替えて街なかのマーケットを散策することにする。

バスで近くまで行き、マーケットへは少し歩いて行く。すると、先生に一人の中年女性がよろよろしながら近づいてきた。先生は辺りのようすを注意深く窺いながら、鞄からサッと取り出したルピー札を素早く女性の右手に握らせた。本当に一瞬のできごとだった。その女性は、どうやら眼が不自由なようすである。

私には、この施しがとても意味のあることのように思えた。だが、こうした行動はなかなかできることではない。もし自分だったら、果たしてなんの躊躇もせずに彼女にお金を与えたであろうか。

施しをするのか。それとも一切しないのか。あるいはその場の状況に応じて決めるのか。結局のところ、自分の判断次第ということにはなるまいか。もし施しをすると決め、そうしたならば、自分の行動に対して自信と責任を持つべきではないのか。この場面を見ていて、私はそんなことをしきりに考えていた。

雨のために予定を入れ替えて、後回しにしたガンジス河に向かう。予定の時間が変わってしまったことで、かえって嬉しい誤算となった。辺りもほの暗くなりはじめ、なんとサンセット・クルージングとなったのだ。なお、ガンジス河というのは英語読みで、インドでは「ガンガー」という。

岸辺に連なるガートでは、沐浴をしている人びとの姿が見える。ヒンドゥー教徒の巡礼者たちだ。ガートというのは、河水に沈んでいくように岸辺に据えられた階段状の石段で沐浴する場として使われる。

ガンガーに祈りを捧げる者もいれば、聖水を汲む者もいる。ヒンドゥー教徒にとって、ガンガーは偉大な母として崇められているのだという。ガンガーの聖水には大きな霊力が宿っており、沐浴すればすべての罪を洗い流してくれる。インド人のじつに80％を占めるといわれるヒンドゥー教徒に、そう信じられている。

私たち日本文化の精神性、日本の心を象徴するものが富士山であるとするならば、インド人にとってのそれは、いや、それ以上のものがガンガーなのではないだろうか。

クルージング船から眺めわたすガンガーの水面は、ゆったりと音もなく、穏やかに流れている。河水は灰黒に濁り、その深さを否応なく感じさせる。

母なる河。聖なる河。すべてのものを飲み込んでしまうかのような生と死が入り混じった、深い河。それがガンガーなのだ。

仏教だったろうか。ふとこんな言葉を思い出した。

底浅き川は
　常に騒がしく
底深き広き大河は
　常に寂かなり

河面を深紅に染めて、水平線にゆっくりと沈みゆく夕陽を見つめながら、私はたしかにインドの時の流れのなかにいる、そう思わずにはいられなかった。

翌日、コルカタの町を後にし、ヒマラヤ山麓の高地に位置するダージリンに向かう。コルカタの空港から国内線でバグドグラの空港まで飛び、そこからはバスでダージリンを目指す。

コルカタでも空港のセキュリティ・チェックは相変わらず厳しい。今日はショルダーバッグにライターは入れておかなかった。だが、デジタルカメラの予備の乾電池を4、5本入れていた。空港の二人の男性検査官が、私のカメラと予備の乾電池を見ながらなにやら話込んでいる。最初はなにを言っているのかわからなかったが、どうやら余分な乾電池は持ち込むなということらしい。

だが私が、この乾電池でなにかよからぬことでもするというのか。ただの乾電池だけでいったいなにができるというのか。どうにも納得のいかないまま、しぶしぶ予備の乾電池を検査官に差し出す。すると今度は検査官が、そうじゃないと言う。まだ使っていない予備の乾電池をカメラに入れて、カメラに入っている使いかけの乾電池と残りの予備用とを差し出すようにと言うのだ。

幸い予備の乾電池の大方はスーツケースに入れておいたので、今後の撮影に支障をきたすことはなかった。予備の新しい乾電池をカメラに入れさせてくれたのは、インド人にも武士の情けがあるのか、と思った。


1時間ほどの空の旅、無事にバグドグラの空港に降り立った私たちを出迎えたのは、ダージリンのガイドであるサティエンさん、それに東京で宝石や紅茶、シルク・コットン生地をインドから輸入販売しているカマルさんだった。

カマルさんはインド人で先生とは親しい間柄であり、インド行きの手はずやアドバイスをされているとのことである。長身のカマルさんは細身で顔の彫は深く、ラジャスタン系の身なりのよい紳士といった風貌である。なお、カマルさんは日本語が流暢であるが、サティエンさんはまったく日本語がしゃべれないので英語でのガイドとなる。

ここからはバスで出発する。目指すダージリンは標高2134メートルに位置するため、10月のこの時期の平均気温は15度前後で朝晩ともなると寒いと感じるほどになるという。そのためバスにエアコンなどはついていない。30分ほど走ったところで遅めの昼食を兼ねた休憩をとる。すでに午後2時を廻っていた。お腹も一杯になったのか、バスに乗ると私はうとうとしはじめ、いつしか眠ってしまった。

しばらくすると肌寒さを感じて眼が覚めた。ジップトレーナーを着込んで、ぼおっとした眼で車窓から辺りを見渡すとすでにほの暗く、そうとう山のなかまで登って来たのがわかった。もうダージリンは近いはずだ。

午後7時半前、ようやくホテルに到着した。部屋に入ると一面の壁板がとてもウッディーな山小屋風の内装が、味わい深く落ち着いた雰囲気を醸し出している。だが、部屋のなかだというのに冷え冷えとしている。室温は外気とさほど変わらないのではないかと思うほどである。暖をとろうと部屋のなかを見廻すと電気ストーブらしき物があるにはあった。が、どうにも使い方がわからない。そこで、ストーブは諦めて早々にベッドへともぐり込んだ。

そもそもダージリン茶は、17世紀以降茶の輸入を中国に依存していたイギリスが、自国領土内での茶栽培を試みたことから生まれた。１８２３年にインド、アッサムの奥地でアッサム種の茶樹を発見するも、依然として中国種にこだわるイギリス人は、その苗をインド各地に植えていった。

しかし、中国種の苗はどこも育たず唯一ダージリン地方でのみ栽培に成功する。１８４１年のことだった。これがダージリン茶のはじまりである。ダージリンは紅茶の王様という人もいるが、アッサム茶ともセイロン茶とも違う独特の際立った芳香と渋味は中国種にそのルーツがあったからなのである。

明日は、いよいよ憧れのダージリンの茶園だ。どんなところだろう、と考えているうちに移動の疲れも出たのか、すぐに眠ってしまった。

5　ＩＳＯ－３７２０（紅茶の定義）

昨夜はぐっすりと眠れたこともあり、朝の眼覚めは早かった。というよりも、正直なところ便意をおぼえ眼が覚めたのだ。トイレに入ると下痢を起こしている。これはまずいことになった、と直観的に思った。ただ腹痛や吐き気のないところをみると、どうやら食あたりではなさそうだ。きっと寝冷えしてしまったのだろう。というのも、荷物をあまり増やしたくないがために、いわゆる長袖に長ズボンといった部屋着の類を一切持ってきていなかったのである。持参した部屋着といえばＴシャツと短パンだけ。ダージリンがいかに高地であるとはいえ、暑いイメージのインドだからと甘く見ていたのだ。このため朝起きてからというもの、朝食の前後をとおして、私はホテルの部屋でトイレとベッドルームの間を何度も往復することになってしまった。

ホテルを出発する頃には、どうにかお腹の具合も落ち着いてきたので、まずはひと安心する。これから毎年優れたダージリン茶を産出することで世界的に知られる、１８９９年創業のジュンパナ茶園を目指し、チャーターしたジープで出発する。茶園への道幅は狭く、山道を登って行くためバスでは入っていけないのだ。

私は、見るからに人のよさそうな顔つきをした運転手のジープに乗り込んだ。その運転手は小柄な体型でチベット系なのか、顔貌や肌の色も日本人と変わらない。そんな彼の横顔を見ていると、今にも日本語でしゃべりだしそうである。

ジープが走り出すと沿道からは、なにやら大勢の人たちから次々に声がかかる。

「パラ！　パラ！　パラ！」

最初はなんのことなのかまったくわからなかったが、時間が経つにつれてその意味がようやく理解できた。どうやら私の乗ったジープの運転手はちょっとした町の人気者らしい。かけ声は、彼の名前だったのだ。パラさんが運転する姿を見かけた町の知り合いが彼の名前を呼ぶ。彼はそれに笑顔で応えるといったようすが繰り返される。

しかし、パラさんはただの陽気な人気者ではなかった。彼の運転はとても優しいのだ。私は助手席に乗っていたこともあり、すぐにわかった。スピードを出すべきところは出し、道路に少しでも凸凹な部分があるとどんなに先行車との距離が開いていてもゆっくりと進む。なるだけ振動の少ない場所を選んでジープのタイヤを走らせているかのようである。そのなだらかな運転技術は、人馬一体ならぬ人車一体の境地とでも言えばよいのか、パラ号の乗り心地は最高である。

ダージリンの街並みを楽しみながら、パラ号の走行は軽快そのものである。しばらくすると道幅の狭い山道へと入って行くが、ジープはさらに力強く進んで行く。パラさんをはじめジープの運転手たちは、ハンドルの切り返しを繰り返さずとも狭く曲がりくねった山道をたやすく走り抜けてしまう。走り慣れている山道ということもあろうが、やはり運転のプロなのである。

ジュンパナ茶園の近くまでやって来た頃には、すでに正午近くになっていた。ここから先はジープでも入れないということで歩いて行く。ただ標高1158メートルにあるジュンパナ茶園に入るには急斜面の山道を登って行かなくてはならない。最初に石段の登り道を歩いたかと思うと、今度は谷道をどんどん下って行き、また登って行くが、しばらく行くととても狭い通りを歩かなくてはならない。そんなところに限って、雨でも降ったのかと思わせるほど水浸しになっており、気を抜いていると足を滑らせてしまいそうである。ふと下を覗きこむと、思わず足が竦んでしまう。こんな険しい山道を行ったところに本当に茶園があるのか、と歩きながら何度も思った。

途中、大きな荷箱を背負った一人の男性とすれ違う。荷の中身は、ジュンパナ茶園で穫れたダージリン茶だという。もう最近では、めっきりと見かけなくなったが、日本でも80年代くらいまでは行商のおばちゃんが、自分の体よりも大きいのではないかと思うくらいの荷箱を背にして、鉄道駅の構内を歩いている姿をよく見かけることがあったが、ちょうどそんな感じである。ジュンパナ茶園は険しい山岳地帯に位置し、山道は急な坂道のため、こうして人の足や馬で茶葉を運搬していたのである。

私は登りはじめこそ足取りも軽やかだったが、30分近く歩いて茶園の入口に着く頃には、息も切れ切れで体中が汗だくになっていた。ふだん、区役所ではデスクワークばかりで、余暇にも特に運動らしいことをまったくしていないがためのテイタラクである。

ようやくジュンパナ茶園に到着する。入口の門を入ろうとすると、そこに立っているのはお坊さんだろうか。

なにやら経文とも呪文ともわからない言葉を唱えながら、私たちの額に紅を塗り、薄地の黄色いスカーフを首からかけて合掌してくれる。なにかのお祓いなのだろうか。訳もわからないままに、なんとなくありがたい感じになって、こちらも思わず手を合わせてしまう。

先日、コルカタでのティーオークションに招待してくれたジュンパナ茶園オーナーのシャンティーヌさんと紅茶工場長にしてティーエキスパートのムドュガルさんが出迎えてくれた。まずは、紅茶工場から見せてもらう。紅茶工場に入るにはシューズカバーにヘアキャップ、ビニール手袋、マスクを身に着けなければならない。これは、ジュンパナ茶園がアイ・エス・オー（ＩＳＯ）９００１の認証を取得したためだという。

【図表25　ＩＳＯ認証のプレート】

ＩＳＯというのは国際標準化機構の略で簡単にいえば、さまざまな国際標準規格を定めたもの。いわば、ジィス（ＪＩＳ）の世界版といったところだ。シャンティーヌさんによると、ジュンパナ茶園では、ＩＳＯ９００１：２０００という２０００年版と呼ばれる規格を取得し、今後もさらに品質保証と顧客満足の向上を目指していくのだという。

ＩＳＯで策定された国際標準規格には、「ＩＳＯＸＸＸＸ：ＹＹＹＹ」という形式で名称がつけられる。ＸＸＸＸはＩＳＯのシリーズの規格番号を、ＹＹＹＹはその規格の制定年または改定年を示す。

ジュンパナ茶園にあった「ＩＳＯ９００１：２０００」のプレートはＩＳＯ９００１シリーズの２０００年版と呼ばれる規格で工場の品質管理に合格したことを示していたのだ（図表25）。これは、品質マネジメントシステムの規格をいい、品質保証を含んだ顧客満足の向上を目指すための規格であり、このＩＳＯ９００１を通して顧客満足の提供、改善活動の継続を実施することにより社会的信用の維持とともに競争力の向上が図られ、その発展が約束されるのである。

そして、じつはこのＩＳＯが紅茶の規格についても定義しているのだ。それが「ＩＳＯ－３７２０」。それによると紅茶とは、「飲料として消費するためのチャをつくるのに適していると知られている品種、すなわち学名カメリア・シネンシス（Camellia sinensis）の二つの変種（var.）に限り、それらの葉、つぼみ（芽）、および柔らかい茎を原料として、酸化発酵と乾燥という工程を通して製造されたもの」とされている。ＩＳＯによる二つの変種とは、中国種（Camellia sinensis var. sinensis）とアッサム種（Camellia sinensis var. assamica）をいう。

6　チャの学名

チャは、植物学的分類によるとツバキ科（Theaceae）ツバキ属（Camellia）に属する永年性の常緑樹であり、その学名をカメリア・シネンシス（Camellia sinensis (L.) O. Kuntze）という。そのなかに温帯系の中国種（小葉種）であるバラエティ・シネンシス（var. sinensis）と熱帯系のアッサム種（大葉種）であるバラエティ・アッサミカ（var. assamica）という二つの変種があるというのが現在の一般的な考え方となっている。

しかし、チャの属名、学名、変種の分類がこのように落ち着くまでには、植物学者の間でも長年にわたり論争が続き混乱していた。まず、チャをツバキ科とすることについては争いがなかったが、その属名については１７５３年5月にスウェーデンの植物学者であるカール・フォン・リンネ（１７０７〜１７７８）が一度はチャ属（Thea）と発表したが、同年８月にはツバキ属（Camellia）と発表したことから、チャ属とするのかツバキ属とするのかで見解が分かれてしまったのだ。

チャ属を主張する学者は、チャはツバキと花やがくの形態が同一ではないことからツバキ属とすべきではなくチャ属とすべきであるとし、これに対してツバキ属を主張する学者は、ツバキ属のなかにもチャと同じような花やがくの形態のものがあることから、これらを区別する必要はないとし、チャ属とすべきではなくツバキ属とすべきであるとした。こうして、長い間チャ属とするかツバキ属とするか議論されてきたが、１９３５年にオランダのアムステルダムで開催された世界植物学会において、チャをツバキ属とすることが決まったという経緯がある。

次にチャの学名についてだが、チャの学名を最初に命名したのはカール・フォン・リンネであり、１７５３年に著書『植物種』（Species Plantarum）の中で学名をテア・シネンシス（Thea sinensis (L) Sims）とした。また、リンネは１７６２年にこれを先の著書の第2版において紅茶をテア・ボヘア

(Thea bohea：中葉種)、緑茶をテア・ヴィリディス(Thea viridis：小葉種)と訂正。しかし、後にこの説は既に紹介したとおりイギリスの植物学者ロバート・フォーチュンにより紅茶と緑茶は同じチャの樹からつくられ、その製造方法の違いにより異なることがわかり否定される。

その後、19世紀頃からヨーロッパの植物学者たちにより各地におけるチャの変種ごとに別々の学名がつけられるようになり、種、変種、品種なども含めると１００以上の学名がつけられ益々混乱していくことになる。

こうしてチャの学名が混乱する中、ドイツの植物学者であるカール・アーネスト・オットウ・クンツェ(１８４３～１９０７)は、１８８７年にチャの学名をリンネが記載したThea L.(1754)からCamellia L.(1754)へ学名を移し、Camellia sinensis (L.) O.Kuntze と命名した。これは共通する花の構造を持っている点を重視した結果、チャはツバキ属に所属させるべきであり独立したチャ属を考える必要はないと解釈したためであるとされている。

7　チャの学名の仕組み

植物や動物について紹介するときに、「(種類の)名前は○○、学名は△△」などと言うが、そもそも〝学名〟とはどういうものなのだろうか。

生物学の分野では、動植物のすべてに世界共通の「学名」というものがつけられている。学名はラテン語で表記され、命名の際にはさまざまな決まりがあり、学名は二つの名前からなる。この学名の決まりである命名の方法を二名法（にめいほう）というが、学名の二つの名前とは「属名（ぞくめい）」と「種小名（しゅしょうめい）」である。この後ろに命名した人の名前をつける。表記する際は、斜体、太字もしくは下線をつけるという決まりがあり、属名の頭文字は大文字で、種小名の頭文字は小文字ではじまる。この二名法は、カール・フォン・リンネが提案。リンネはさまざまな動植物の学名をつけていることから「学名の父」と呼ばれている。

ところで、このチャの学名の仕組みについてだが、どの紅茶や茶の書籍にも学名の紹介のみで、チャの学名がどういう意味でつけられているのかについては触れられていない。

そこで、チャの学名とその変種の変遷から自分なりに推察したところを茶樹研究の権威で知られる名城大学農学部教授（当時）の橋本実先生に照会することとした。橋本先生とはこれまでにも氏の著書『茶の起源を探る』（淡交社）に関して、個人的に何度か質問などさせていただいていたからである。

チャの学名の仕組みに関する私のいくつかの質問には、橋本先生から依頼を受けた名城大学の横内茂先生（当時農学部生物環境科学科植物保全学研究室）からご返事をいただくことができた。質問により確認した内容はおおむね指摘どおりということだったが、横内先生からご教授していただいた内容を踏まえて、チャの学名の正式名称がどのように成り立っているのか、学名を分解して説明すると次のようになる（図表26）。

【図表26　チャの学名の成り立ち】

⑥ ―――①

Camellia（カメリア）　sinensis（シネンシス）　(L.)（エル）　O. Kuntze（オー クンツェ）

②（属　名）　③（種小名）　④（第一命名者）　⑤（第二命名者）

① 現行、チャ属 Thea とツバキ属 *Camellia* の二属を合一した場合には、プライオリティーの関係から *Camellia* が使用され、チャの学名は *Camellia sinensis* (L.) O. Kuntze となる。

② *Camellia*（カメリア）は、チャの学名における属名でラテン語でツバキを表し、ツバキ属という意味。

③ sinensis（シネンシス）は、チャの学名における種小名で、「支那」の音読み「シナ」をラテン語化したもので「シナの」または「中国の」の意味の形容詞。

④ (L.)（エル）は、チャの学名の第一命名者で Thea sinensis L. を発表したスウェーデンの植物学者カール・フォン・リンネを略名で表したもの。

⑤ O. Kuntze（オー クンツェ）は、第二命名者でリンネが記載した Thea L.(1754) から *Camellia* L.(1754) へ学名を移し、チャの学名を *Camellia sinensis* (L.) O. Kuntze としたカール・アーネスト・オットウ・クンツェを表す。O. は Otto（オットウ）の略で、Kuntze という人物が何人かいることから同名の

他の人と区別するための表現。

⑥ クンツェによるチャの学名は、種の概念（カテゴリー）の変更ではなく、種が属する属名の変更であったため、リンネの学名を生かしてコンビネーションを行ったことにより、Camellia sinensis (L.) O. Kuntze をチャの学名とした。

なお、チャの2つの変種（バラエティ）(variety) については種小名の次に var. をつけて次のように表す。

中国種：Camellia sinensis（シネンシス） var.（バラエティ） sinensis（シネンシス）

アッサム種：Camellia sinensis（シネンシス） var.（バラエティ） assamica（アッサミカ）

8　ダージリンの紅茶工場

①萎凋・ウィザーリング

この日は秋摘みの茶葉、オータムナルを製茶しているところだった。工場の二階はスリランカと同じく萎凋室になっており、部屋いっぱいにならべられた木枠の萎凋槽には、茶葉がぎっしりと敷き詰められている（図表27）。

萎凋によって、しんなりと萎れた茶葉からは、もぎたての果実にも似た香りが辺り一面を覆っている。ここで茶葉を揉みやすくするために含有水分量を約半分にする。

【図表27 萎凋槽】

【図表28 ローリングマシーン】

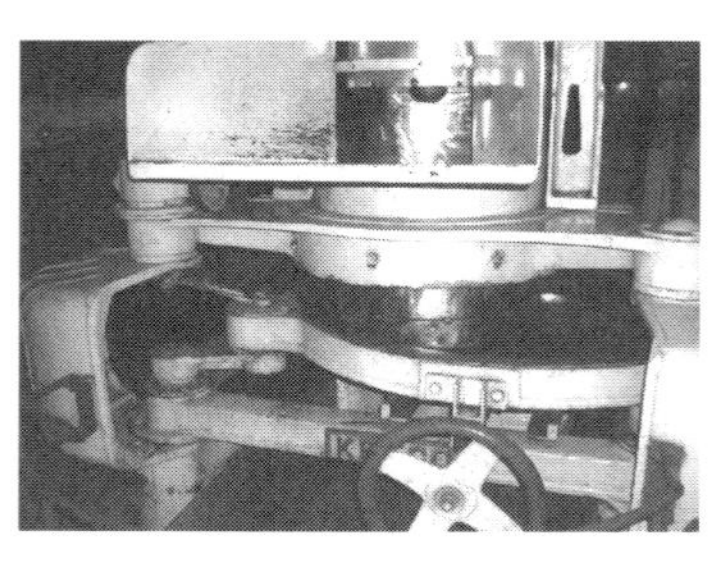

②揉捻・ローリング

萎凋後に茶葉は、二階から布袋をとおして一階にあるローリングマシーン（揉捻機）に送られる。これもスリランカと同じだ。ローリングマシーンに投入された茶葉は、大きく回転しながら圧力をかけて揉みあげられる。これによって茶葉にねじれが与えられ細かい棒状に形を変えながら茶葉の組織細胞をつぶして葉汁を絞り出し、酸素に触れさせて活性化させていく（図表28）。

よく見ると、スリランカの場合と決定的に違うのは、ローリングマシーンの茶葉を揉むための円形の盤面が、人の掌のようななだらかな凹凸面になっていることだ。スリランカのローリングマシーンには、茶葉を細かくするためのエッジと呼ばれるねじ切りがついていた。だがダージリン茶の茶葉の形状はホールリーフタイプ、つまり茶葉の大きいオレンジ・ペコー、いわゆるＯＰ（オーピー）タイプと呼ばれる等級のため、ローリングマシーンの円形盤面にこのエッジがない。

茶葉をミンチ状に細分化する、つまりスリランカの茶葉のような細粉したＢＯＰタイプにする必要がないためローターバンの工程もない。ローターバンにより茶葉が熱を帯びて塊状となることもない

【図表29 酸化発酵のようす】

【図表30 手による茶葉の選別】

ことから、玉解き・篩い分けのロール・ブレーカーの工程もないのである。つまり揉捻が終わると、すぐさま発酵の工程になる。

③酸化発酵・ファーメンテーション

発酵室では、床面から30センチほどの高さに据えられた数個のテーブルの上に茶葉を積みひろげて酸化発酵させていた（図表29）。この状態で空気に触れさせてさらすことで、紅茶特有の香味を茶葉にもたらすことになるのだ。

④乾燥・ドライイング

酸化発酵後の茶葉は、ドライヤー（乾燥機）に投入され熱風によって発酵を完全に止める。この段階になると茶葉は緑色から黒みがかった茶褐色になっているのがわかる。

⑤等級区分・グレーディング

乾燥した茶葉は、熱気を冷ました後に篩分機にかけられ等級ごとに区分される。なお、茶葉の等級というのは、サイズや形状による分類で品質上の良し悪しではない。

⑥選別・クリーニング

最後の工程が選別である。つまり、茶葉に少量混ざっている余分な茎や軸、繊維質、不純物などを取り除くのである。だが、なんということか、選別の作業は工場の女性たちが、それら一つひとつを手でより分けているのである（図表30）。大変手間のかかる作業である。

ムドゥガルさんによると、選別はダージリンの紅茶工場では、ほとんどみな手作業で行っているのだという。かつて、中国の製茶工程が手工業式であったことを考えると、ダージリン茶は元来中国種を植栽したことに関係があるのだろうか。機械化が進むなか、スリランカでは見ることのなかった手作業による選別は、なんとも印象的な光景だった。

すべての工程を経てできあがった茶葉は、チェストと呼ばれる昔ながらの木箱に詰めてならんでいた。スリランカではペーパーサックであったが、ここダージリンのジュンパナ茶園では、私が以前から見たかった伝統的なベニヤ板でできた木箱にパッキングされていた。たくさんならんだ憧れのチェストを眼の前にすると、ひどく嬉しくなった。

お昼時もとうに過ぎたので、ここで昼食をいただくことになった。紅茶工場前にセッティングされたテーブル横一列に、カリーに肉を揚げたもの、野菜を使ったものなど数種類のメニューが用意された。バイキングのように大皿を手にしてならぶと、スタッフが適当な分量を盛ってくれる。工場の前に置かれた椅子に座って食べることにする。誰が言ったのか、素晴らしい景色は食事をおいしくするというのは、やはり本当のようだ。秋のダージリンの澄みきった空気のなかでいただくジュンパナの特製ランチは自然と食がすすむ。

9　すべての茶園で一つのダージリン茶

特製ランチに満足した後は、いよいよ茶園に入る。茶摘みを見るには、ここからさらに山の斜面を登って行かなければならない。紅茶工場のまわりはずっとずっとどこまでも茶園である。茶摘みさんたちのいる場所までかなりの距離を歩いていく。

スリランカのペドロ茶園では茶葉の揉みと発酵が重要視されたが、ここジュンパナ茶園では茶摘みをもっとも重視し、徹底した一芯二葉で摘まれるという。茶摘みさんたちが次から次へと茶葉を摘んでいるようすを眼にすると、壊れかけのカメラで夢中になって茶摘み風景を写していった。

【図表31 ジュンパナ茶園の茶摘み】

茶摘みさんたちは、茶葉を摘んでは背中の竹かごに投げ込んでいく。この竹かごは額から紐で引っ掛けるようにして背負われている（図表31）。ここでもスリランカのときのように茶摘みをすることになった。しかも竹かごを背負わせてくれるという。さっそく、竹かごを背負って茶摘みをしてみる。

竹かごを紐で額から引っ掛けていると、これがなかなかどうして重い。茶摘みをしようにも体が思うように動かない。そこで茶葉の先端に右手をかざして茶摘みの真似だけをしてみる。だが、茶畑は急な斜面になっており、少し体を動かした瞬間に私はバランスを崩し、不覚にも茶葉の入った竹かごをひっくり返してしまった。紐は竹かごには固定されていなかったのだ。もちろん竹かごに入っていた茶葉は、その大方が地面に投げ出された。

私に竹かごを貸してくれた茶摘みさんが大声を上げて嘆いている。苦労して摘んだ茶葉だ。もちろん、彼女には生活がかかっているのだから当然のことである。

「ごめんなさい！　ごめんなさい！　本当にごめんなさい！　ソーリー！　ソーリー！　アイム・ソーリー！」

インドの言葉がわからないので、腰をかがめて頭を下げながら両手で拝むようにして、とっさに出た言葉だった。

茶摘みさんは、今にも泣き出しそうである。そんな彼女を見ていると私のほうも泣きたくなってきた。しかし男の私がここで泣くわけにもいかず、何度も両手を合わせ必死のジェスチャーで彼女に謝りつづけた。

すぐさま、地面に落ちた茶葉を一枚一枚丁寧に拾いながら竹かごにもどしていった。茶摘みさんも、なんとか許してくれたようだったが、茶摘みの大変な苦労を思うと本当に申し訳ないことをしたと猛省するばかりである。インドでの茶摘みは、苦い経験となってしまった。

ムドゥガルさんが、テイスティングルームへと案内してくれる。テイスティングカップが、ずらりと9組ばかりならんでいる。端から順にスプーンで口に含んで試していく。が、ダージリンは紅茶のなかでも渋味が強いため、徐々に違いがわからなくなってくる。テイスティングは、やはりプロでないと思うようにはできないことをインドでも実感する。

ジュンパナ茶園を訪問したことで、とても心に響いたことがある。ダージリンには87か所の茶園があるが、オーナーのシャンティーヌさんが言われるには、「ジュンパナ茶園では自分たちだけが発展すればよいというのではなく、すべての茶園で一つのダージリン茶なのだ」という。その思いに名門茶園としての矜持が感じられ、すこぶる好感をもった。

10　世界遺産ダージリン・ヒマラヤ鉄道

翌朝、ジープに乗り込みホテルを出発する。運転手は、今日もパラさんだ。向かったのはダージリン・ヒマラヤ鉄道の終着駅ダージリン。ダージリン・ヒマラヤ鉄道、列車の高さ2メートル弱の愛称トイ・トレインは、インド北東部の街ニュージャルパイグリから紅茶生産地である高地ダージリンまでを結ぶ山岳鉄道である。１９９９年には世界遺産にも登録されている。ダージリン・ヒマラヤ鉄道は、当時インドの植民地化を進めていたイギリスによって１８７９年に紅茶を輸送するために敷設工事がはじめられ、１８８１年に開通した。

ニュージャルパイグリ駅の標高は１１４メートル、ダージリン駅は２０７６メートル、つまり標

【図表32 ダージリン・ヒマラヤ鉄道】

高差は約２０００メートルである。始発駅から終着駅までの走行距離は約88キロ。これをメンテナンスのための停車やスイッチバックを含め、およそ8時間から10時間かけて駆けめぐるという。今日は、ダージリン駅からグーム駅までの一区間ではあるが、列車の旅を楽しむことにする。

ダージリン駅に着くと、まだトイ・トレインは入線していない。まわりを確認し、駅のホームから線路に降りてみる。すると、トイ・トレインのものと思われるとても小さなレールがある。

ガイドブックによるとトイ・トレインのレール幅は約61センチだという。

じっさいに両足でまたいでみる。すると、私の肩幅ほどしかない。これで、大勢の人を乗せて走ることができるのだろうか、と思わせるほど本当に小さい。まさに、おもちゃの列車を想像させる。

しばらくすると、お待ちかねのトイ・トレインが白煙を吐き出しながら入線して来た（図表32）。さっそくカメラで撮影しまくる。相変わらずカメラの調子は悪いが、なんとか撮影はできている。車両は3連結、狭いレール幅を考えると、それでも客車のなかは思ったよりもひろく感じる。

トイ・トレインが、可愛い汽笛とともに走り出す。開けていた窓からは石炭の煤が入ってくる。服も鞄も煤だらけになる。慌てて窓を閉める。列車はダージリンの街並みを縫うようにして、ときには線路脇の家々の軒先をかすめるようにして、今にもぶつかりそうに思うくらいスレスレのところを走っている。

車窓から手を振ると街の人たちも笑顔で手を振りながら応えてくれる。トイ・トレインは、ダージリンの人たちからも愛されているのである。列車に並走するようにしてパラさんもジープで追いかけて来た。なにやら微笑みながらしゃべってくる。なにを言っているのか、トイ・トレインの走る車輪の音と汽笛とでまったく聞き取れない。しかし、今は言葉はいらない。パラさんに手を振って笑顔で応えた。

途中メンテナンスのために一時停車した後、再び少し走るとバタシア・ループに到着した。ダージリン・ヒマラヤ鉄道には、線路を大きく迂回させることで急勾配の走行を緩和するループ線というものが全線に3か所ほどあるという。ダージリン駅とグーム駅間の最大の名所が、ここバタシア・ループと呼ばれるビューポイントである。

バタシア・ループは、その中央がオレンジ、黄色、ピンクと色とりどりに咲き誇る花でいっぱいの公園になっている。これを囲むようにして線路が迂回しているのである。

ここで約10分間の休憩となる。乗客は皆思い思いにダージリンの町を望む雄大な山々の景色を眺めたり、トイ・トレインの前で記念撮影をしたりして楽しむ。平均時速20キロのトイ・トレインは、

40分ほどでグーム駅に到着した。

11 チベットのバター茶

再びパラ号ジープに乗り込み向かったのは、チベット難民自助センター。1951年中国人民解放軍がチベットに侵攻し、中国によるチベットの同化政策が進められた。

これを機に十数万人という多くのチベット人がインドなどに亡命し、亡命チベット人社会が形成されることとなる。

【図表33 バター茶づくり】

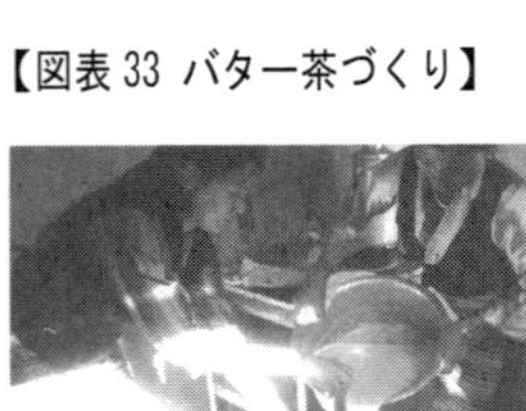

1959年に設立された、ここチベット難民自助センターもその一つである。ここを訪れた目的は、チベットのバター茶を飲ませてもらうことだ。

センターの女性職員が、バター茶をじっさいにつくって見せてくれる（図表33）。まず、彼女が取り出したのは、なにやら見慣れない竹製の細長い筒と棒である。筒には金具の装飾が施されている。

次に見せてくれたのは、掌よりも大きな固形の黒茶。バター茶に使う茶葉とのこと。竹製の細長い筒、これはトンモーという道具だ

【図表34 チベット・バター茶】

そうで、この中にギーと呼ばれる発酵バターとミルクを入れる。そこに煮出した固形黒茶の抽出液を注ぎ入れたら塩を少々まぶす。

それから先ほどの棒であるが、これはトンモーのピストン棒で筒のなかで上下につついて攪拌するのに使うとのこと。しばらく攪拌したらバター茶のできあがり。できあがったバター茶は、ティーポットに移し変えてからカップに注いで飲む。というのが伝統的なチベット・バター茶のつくり方である。

ティーカップにビスケットを添えてサーブしてくれた（図表34）。いよいよバター茶なるものを味わう。いったいどんな味がするのか、とまずはそっと鼻を近づけてみる。すると、バターの臭いがかなり強い。匂いではなく、臭いである。おずおずと、ひと口含んでみる。甘さと酸っぱさにさらに塩辛さが混じったなんとも言えない風味である。飲み物としては、しつこく感じる風味で、とても口に合うものではない。お世辞にもおいしいとは言えない。

その塩辛い甘酸っぱさに辟易しながらも、せっかくセンターの人がつくってくれたのだからとカップ半分ほどを飲む。

すると、私がバター茶を気に入ったと思ったのか、もう少しどうですかとセンターの女性職員がカップに注ぎに来る。これにはさすがに手振りで結構と応えた。

12 深い河

2日間にわたり堪能したダージリンに別れを告げ、今日は1日かけてデリーへともどる。バスはバグドグラの空港に向かって快調に走っていた。だが、ほどなくしてバスが突然停車した。前を見ると、車がびっしりと数珠つなぎになっている。渋滞に巻き込まれてしまったのだ。聞くと、渋滞の原因はマラソンだという。そういうことならば致し方ないが、果たして飛行機の時間は大丈夫だろうか、といささか気にならないではなかった。飛行機の時間を気にしていたのは、カマルさんも同じだった。

ようやく渋滞から抜け出すや否や、カマルさんが徐に座席から腰を上げ、運転手に近づくとなにやらそっと耳打ちをした。その次の瞬間だった。バスが突如猛スピードで走り出した。じつはカマルさん、私たちとはバグドグラの空港で別れ、郷里のジャイプールへ向かうのだという。飛行機も私たちのデリー行きよりも早い時間らしい。

ここで、私の脳裏をよぎったのが「カースト」という言葉だ。バスの運転手や助手、あるいは現地ガイドといった人たちは、街なかのレストランで食事をしてもけっして私たちと同じテーブルにはつかない。私たちからはいつも離れたテーブルに座っているのだ。

しかし、その一方でカマルさんはといえば、いつも私たちと一緒にテーブルを囲んで食事や会話を楽しんでいる。運転手やガイドといった職業が、そうさせていると言ってしまえばそれまでかもしれない。

あるいは、私の思い過ごしなのかもしれない。が、一言速く走ってほしいと言えば、それですんでしまうことなのか。いまだ解けぬカーストの呪縛によるものなのか。その真偽はともかく、カマルさんはカーストも高くお金持ちだということは聞いていた。

このカースト制度、今日では法的には廃止されたといわれている。だが、敬虔なヒンドゥー教徒は、ダルマ・戒律や義務を遵守して生きるという。輪廻転生、因果応報。つまり自分よりも高い階級の者に尽くすことで来世では自分もより高い階級に、より恵まれた環境に生まれ変わることができると信じられている。

現世での自分は前世における行いの結果であり、現世の生き方が来世の自分をよくもし、または悪くもする。そのため、現実社会では、今なおカースト制度はかなりの影響力を持っているともいう。

もちろん、私はヒンドゥー教徒ではないし、かといって他の宗教の熱心な信者というわけでもない。では、家の墓はどうしているのかと訊かれれば地元のお寺にある。となれば、仏教徒ということになるのだろうが、誤解を恐れずに言えば、それでも自分は無宗教だと思っている。

毎朝、自宅の仏壇には線香を立てて両手を合わせているし、法事ともなれば住職の説法もありがたく聴いている。

それでも、やはり無宗教だと思っている。困ったときの神頼み、いや仏教なら仏頼みということになるのか。自分や家族の健康を祈り、仕事やなんやかやと今日１日が無事にすみますようにと仏壇でご先祖さまに合掌してみても、要はその場かぎり、願い事が目当ての似非信仰にすぎないように思われる。

私がカーストというものを考えたとき、その意味する本当のところをどれだけ理解することができるのであろうか。いや、到底、理解することなどできないであろう。

制度としての階級身分などない現代の日本人として、ごく一般的なサラリーマンの家庭に生まれ育ってきた。家庭環境はといえば、両親がともに揃い、父親も定職には就いていたが、自分で働いてお金を稼ぐようになってから、ようやくわかったような気がするのである。

当時を自分なりに回想するに、比較的裕福な家庭だと思っていた節があったが、今にして思えばけっしてそうではなく、ごくごく庶民の、強いて言うならば良くてもせいぜい中の中くらいの生活レベルであったであろうことを。

それでも、オリンピック東京大会が開催された年にこの世に生を享け、「明日は、今日よりもきっと豊かになれる」と日本人の誰もが夢や希望を持って、そう信じることができた高度経済成長期に幼少期を過ごし、両親の深い愛情につつまれて学生時代を送ってきた。

そして、日本中がなにかに取り憑かれたかのようなバブル景気に沸く頃に就職をし、ご多分に漏れず一億総中流意識のなかで、これまで何不自由感じることなく生きてきたのである。

インドと私の間には、計り知れないほど広き河が、深き河がどこまでも流れている。

この河は深い。

とてつもなく深い。

第3章　茶摘み恋歌

1　ジノ族の涼拌茶と竹筒茶

雲南省の昆明（クンミン）は、標高1900メートルの高原にある省都であり、1年をとおして気候が穏やかで緑が絶えないことから春城とも呼ばれている。宿泊したホテルのエレベーターに乗ると階数ボタンは37階まであり、この近代的な高層ホテルからしても昆明が都会であることがすぐにわかる。

紅茶の理解をより深めるためには、紅茶前史である「お茶」そのものの歴史や文化をも考察することが不可欠である。私のかねてからの持論だ。中国や日本の茶の研究者たちによれば雲南省の西（シー）双版納（サンパンナ）は、茶樹の原産地における、その起源の中心地ではないかと考えられており、私はいつの日かきっと西双版納へ行くのだと固く心に決めていた。その念願が、やっと叶うこととなったのである。思えば、先生に師事し、紅茶の研究をはじめてから、じつに5年の歳月が流れていた。

夕食をすませて部屋に入ると、さっそく新聞紙大ほどもある雲南省の地図をベッドの上でひろげてみた。ここ昆明から南西へまっすぐに向かうとミャンマー、ラオスと国境を接する雲南省の最南西部、そこが目指す西双版納だ。西双版納の景洪（ジンホン）、孟海（モンハイ）、そして思茅（シイモ）と地図の上を指でなぞってみる。心は、すでに西双版納へと向いて走っていた。

翌早朝、昆明の空港から国内線で西双版納の景洪へと向かう。景洪に到着し、まずは春の息吹を感じながら街なかをぶらりと散策してみる。街の目抜き通りだろうか、大通りの両側には椰子の木にも似た高木の街路樹が立ちならぶ。

春色の穏やかな陽気に誘われ、風光る季節を楽しむかのように道往く地元の女性たちは、赤、黄、緑といった原色も鮮やかなドレス風の服に身を包んで、さっそうと歩いている（図表35）。こうした華やかな装いを見ていると、ここが本当に中国なのかと思わせるほど南国ムードが漂う。考えてみれば、西双版納は中国南西の果て、ここから１５０キロほど先はもうミャンマーなのだ。

景洪市の新司土（シンスートゥ）村にジノ族の切資（チェツー）さんを訪ねる。ジノ族は、西双版納は景洪の基諾（ジノ）山周辺だけに住む中国少数民族で、１９７９年に中国の少数民族としては最後に公認された民族だという。ここ新司土村は家屋50軒ほどからなる小さな村である。

【図表35 道往く地元の女性たち】

切資さんは身長１５０センチほどの小柄な体格で、少し日焼けした柔和な微笑みが温厚な人柄を感じさせる。切資さんによると、昨年のこの村全体の収入はおよそ２０００万元（３０００万円）、一軒あたりにすると４万元（60万円）にもなったのだという。そのほとんどが普洱（プアール）緑茶による収入とのことだ。都市部労働者の平均年収が約１万３０００元（19万円）、農村部では約４０００元（６万円）だという。ここ数年は普洱緑茶の価

格が高騰し、高値で取り引きされたため、これほどの高収入になったのだそうだ。

そうしたこともあって、この村にある古くからの伝統的な木造高床式家屋も次々と近代的な鉄骨住宅へと建替えられているという。なるほど、周囲を見廻してみると村の何軒かはすでに外観も見栄えのきれいな住宅に建替えられている。誰でもお金があれば、便利で快適な生活をしたいと願うのは当然のことだろう。

【図表36 茶摘みをする切資さん】

しかし思う、私には、むしろ古びた木造高床式家屋のほうが伝統ある趣や情緒を醸し出さしてくれるのだと。たとえ、それが一瞬の旅人にすぎない私のエゴイズムだということはわかっていても……。

切資さんが村に古くから伝わるジノ族のお茶をご馳走してくれるという。そこで、さっそく基諾山にある村の普洱茶畑へ茶摘みをしに行くというので、私たちもついて行くことにする。切資さんにつづいて歩いて行くが、山の斜面は急な登り坂になっていて、なかなか頭で考えているようには足が前へと進まない。そんな私たちをよそに切資さんは慣れた足取りで、すたすたと山道を先へ先へと登って行く。

切資さんは茶摘みもじつに慣れた手つきで、次から次へと手際よく茶葉を摘んでいく（図表36）。茶畑には2、3メートルにも伸びた樹齢２００年前後だという茶の樹がこれでもかというくらいに山の急な斜面にたくさん生えている。かつて、この山の頂に植えた茶の樹が種子を地面に落とし、これが坂を転げ落ち、そこでまた茶の樹が育つというようにして自然にできた茶畑である。

これらの茶樹は、いずれも剪定などされていないため、枝が野放図に伸びてしまっている。これでは栄養分が分散してしまうのではないかと、思わずこちらが心配してしまう。この村の人たちは、これらの古茶樹から茶葉を摘むのだという。

【図表37 ジノ族の涼拌茶】

切資さんが摘んだ茶葉で涼拌茶をつくってくれる。ひと節分の青竹を縦半分に割ってつくった器の中に、先ほど摘んだばかりの茶葉を入れて棒で叩き潰す。次に唐辛子、ニンニク、生姜を入れたら、やはり棒で叩き潰してから塩を少々入れて味を調える。そこに沸騰したお湯を注いで少しの間置いたら、それで涼拌茶のできあがり（図表37）。

涼拌茶は飲むお茶としてだけではなく、ご飯のおかずにもなる食べるお茶でもあるという。お茶というよりも野菜的感覚であろうか。小さな柄杓で掌にすくって、ひと口すすってみる。ピリッとした辛さとしょっぱさがある。こうなると飲むというよりも、やはりお惣菜として茶葉を食べるものだと思われる。切資さんによると、涼拌茶は最近では日常的に飲むというよりも冠婚葬祭のさいに飲むとのこと。

次に切資さんが用意してくれたのは竹筒茶というお茶である。これも普洱緑茶を使ったお茶だが、こちらはもっぱら飲むお茶だという。切資さんも日頃からよく飲むそうだ。

茶葉と香草をバナナの葉で包み、細くした竹紐で縛る。切資さんによると、このバナナの葉で包むというところがとても重要なのだという。これ

【図表38 ジノ族の竹筒茶】

を火のなかにくべて10分ほどしたら火から取り出す。そうすると少し焦げて蒸し焼き状態になる。口先を斜め切りにした青竹に水を入れて直火で沸騰させたら、これに先ほど蒸し焼きにした茶葉を入れて抽出させる（図表38）。

数分してできあがった竹筒茶を切資さんが、青竹からグラスに注いでくれた。お茶は、黄色みがかった薄い水色をしている。味見してみると、日本の緑茶とはまたひと味違った風味がする。バナナの葉の香りが、なんとも言えない甘くやさしい香りを出しているのだ。すると今度は切資さんがいつも使い慣れているというナタで、青竹から切り出して竹の器をつくってくれた。竹の器に注がれた竹筒茶は、竹のもつ繊細で爽やかな香りが冴えわたり、なんとも味わい深い。

2　茶摘み恋歌

今日は、朝からどうにも空模様があやしい。部屋のカーテンを開けて、窓の外に眼をやると地面が微かに濡れている。雨だ。雨が降ってきたのだ。今日は、私が一番楽しみにしている古茶樹を見に行くのだが、これはまずいことになった。

そのうちに雨脚はだんだんと激しくなり、ついには雨に混じって雹まで降ってきてしまった。窓越しに外を見ると、激しい雨と大粒の雹が音を立てながら地面を叩きつけて跳ね返っている。このまましばらくホテルに残ってようすをみるか、それとも明日の行程と入れ替えるか。しばし検討のすえ、西双版納のガイド陳さんが携帯電話で現地に天候を問い合わせたところ晴れているというので、思い切って出発することにした。

バスで少し走ると雲間から太陽が顔を覗かせ、微かだが陽が射し込んできた。どうやら天気は大丈夫なようだ。どうか、このまま晴れてくれ。私は祈る気持ちだった。

西双版納の孟海県は阻寨村(ツーツアイ)にハニ族の思江(スージアン)さんを訪ねる。住居は伝統的な高床式の木造二階建てになっている。思江さんと先生は、互いに肩を抱き合い、久しぶりの再会に相好を崩す。小柄な思江さんは齢70歳にして、とてもそうは思えないはつらつとした姿で60歳代前半、いや50歳代と言っても言い過ぎではないほど、髪は黒々として肌の色艶もよく、じっさいの年齢よりもずっと若々しく見える。その表情もとても穏やかだ。思江さんの奥さんや娘さんたち、お孫さんまでもが、やさしい笑顔で迎え入れてくれる。彼女らはハニ族の民族衣装を身に纏っている。

ハニ族の民族衣装は、色も鮮やかでとてもきれいである。清潔感あふれる純白のブラウスの上には黒地のベストとスカート、ベストの袖口には赤と青の縁取りがしてある。ベストの後ろ腰には赤、黄、オレンジ、緑、青などの細かな刺繍があしらわれており、その上から金色に輝くベルトをしている。

だが、なによりも目を奪われるのは、やはり彼女らが被っている帽子である。つばのない黒地の帽子の縁には金色、赤、ピンク、黄、オレンジ、緑、白、青といった色とりどりにきらめく玉飾りと羽根飾りがてんこ盛りになっているのだ（図表39）。

色彩も豊かな民族衣装姿のハニ族の娘さんたちは、なんとも可愛らしい。この衣装一式を揃えるのには4000元、なんと約6万円もかかるのだという。農村部の平均年収と同じ額である。彼らにとってもけっして安い金額ではないはずだ。世代の歴史を紡ぎ、民族の伝統文化を紡ぐ彼らの矜持を感じさせられる。

思江さんがハニ族の茶摘みを見せてくれるというので、自宅から少し歩いたところにあるという茶園に向かう。ふだんは民族衣装で茶摘みはしないということだが、この日ばかりは、私たちの訪問ということで特別に民族衣装による茶摘みを見せてくれることになった。

まわりを山々に囲まれた翡翠色に輝く茶園に、色も鮮やかなハニ族の民族衣装がとてもよく映える。

娘さんたちは、手際よく次から次へと茶葉を摘んでは、襷掛けした竹かごに茶葉を入れていく（図表40）。娘さんたちの茶摘み風景を次から次へと写真に収めていく。ファインダー越しの娘さんたちの頬は、心なしか薄紅色に火照っているかのように見えた。夢中になってシャッターを切っていると、突然、彼女たちが歌いだした。陳さんによると、ハニ族の間で昔から歌い継がれてきた歌で、茶摘みのときに歌うのだそうだ。これは「茶摘み恋歌」といって、里を離れた恋人への想いを贈る歌だという。娘さんたちの可愛らしい茶摘み風景、その鮮やかな色彩に見惚（ほ）れていると、私はいつしか彼女らの透明感あふれる旋律、その甘美なかおりの歌声に魅せられていた。

【図表 39 ハニ族の民族衣装】

【図表 40 ハニ族の茶摘み】

3　チャの起源

いよいよ念願の古茶樹を見に行く。紅茶の研究をしていると紅茶前史としての「お茶」、つまり緑茶のことがどうしても気になる。日本には古来より茶の樹があったのか。日本に茶が伝来したとするならば、いつ、誰が、どのようにしてなのか。茶樹の原産地における、その起源の中心地はいったいどこなのか。知りたいことは山ほどもあり尽きることはないが、まだはっきりとは解明されていないことが多いのだ。

茶樹の原産地については、一般的に中国大陸南西部の雲南省を中心とする広い地域とされている。この広域とは、西はインド北東部のアッサムから、東は雲南、四川、貴州、浙江の各省まで至り、南方へはミャンマーとタイを経てベトナムに至る広い扇状の地域ともいわれている。

そして、これらチャ樹の原産地における、その起源の中心地はいったいどこなのか？　ということについては、これまで長い間多くの学者たちによって議論されてきた。原産するチャ樹の起源に関しては、学説上「中国種とアッサム種は起源を異にするとする見解（二元論）」と「中国種とアッサム種の起源は同一であるとする見解（一元論）」とがある。すなわち、二元論とは葉の小さな温帯系中国種と葉の大きな熱帯系アッサム種とは、それぞれ別の場所で個別に発生したとする説で、これに対して一元論とはチャは一つの場所で発生した後地質や気候などの環境条件によって葉の大きさも変化しさまざまな変種が生まれたとする説である。従来は二元論が一般的学説として支持されてきたが、現在では一元論が有力説とされており、定説化しつつある。

一元論を前提としたうえで、チャ樹の中心起源地はどこなのかということについては

○中国雲貴高原および四川南部、桂北（広西北部）、湖南などとする説（呉覚農「我国西南地区是世界茶樹的原産地」１９７８年）
○雲南大葉種を産する中国雲南地区とする説（陳椽・陳震古「中国雲南是茶樹原産地」１９７９年）
○中国雲貴高原をチャ樹原産の中心地とする説（庄晩芳「茶樹原産於我国何地」１９８１年）
○中国四川省および雲南省地方をチャの起源の中心地とする説（橋本実・志村喬「茶樹の起源に関する形態学的研究　第５報クラスター分析による一元説の提唱」１９７８年）
○中国雲南省南部の西双版納東部から雲貴高原に及ぶ地域とする説（松下智「飲茶と民族」討論会「飲茶の起源地はどこか―現地調査にもとづく飲茶起源地論―」（２００５年5月21日）愛知大学綜合郷土研究所編『討論会報告書　飲茶の起源地はどこか』所収）

など諸説あり、いまだ原産地におけるチャ樹の中心起源地の特定をみるに至っていない。だが、これら中国や日本の茶の研究者によるさまざまな説をみていくと、どうやら雲南省の西双版納あるいは雲南省から貴州省にかけての雲貴高原あたりを中心とする地域ではないかというのが有力説のようである。

4　樹齢８００年の古茶樹

どうにか天気はもっているものの、やはり雲行きがあやしい。そこで昼食は後にして、先に古茶樹を見に行くことにする。

「樹齢８００年の古茶樹を見に行きますよ」

ガイドの陳さんが言った。

「樹齢８００年？　５００年じゃないの？」

先生が、怪訝そうな顔つきをして言う。

１９６５年、ここ西双版納の南糯山（ナンヌオシャン）の地で発見された樹齢８００年の大茶樹は、カメリア・タリエンシス（茶樹に進化する前の原種）ではない現代の茶の樹と同じカメリア・シネンシス（真正の茶樹）であった。この大茶樹は「茶樹王」としてひろく紹介されたが、訪れる多くの人びとによって根本が踏み固められ、養分の吸収が阻害されることとなった。そんな環境の変化が災いしたのか、茶樹王は次第に衰弱してゆき、ついに１９９５年には枯死してしまった。しかし、その跡地のすぐ横隣に茶樹王の子孫が生き残り、これらは樹齢５００年ということで「茶樹王二世」と呼ばれるようになった。

樹齢８００年の茶の樹を見に行く、とはいったいどういうことなのか。思江さんの家からバスで少し走ったところに、その古茶樹はあるという。バスを降りると道の入口にある門には「南糯山半坡老寨」と看板がある。この道を進んで行く。陳さんによると、ここから古茶樹のあるところまでは、およそ3キロの道のりを歩いて行かなくてはならないという。

「ここの道は来たことがないな。前に2回来ているんだけれど、前に来たのとは違うな…」

ぽつりと呟きながら先頭を行く先生と道を案内する陳さんに、ぴったりとくっついて先を急いだ。

「これも樹齢３００年くらいですね。あれも４００年くらいです」

行く道すがら陳さんが次々に指差しながら、こともなげに言う。この辺りには、樹齢３００年から４００年くらいの茶の樹がゴロゴロと生えているのだ。

看板のあった入口の門から山道に入り、気がつけばすでに1時間も歩いている。先生はさらに先を進む。私も先生について行った。道はそれほど悪くはないが、だんだんと登り坂になっていく。ここでも、ふだん区役所ではデスクワークばかりで特別に運動などしていない私は、徐々に息切れがしてきた。だが、歩けど歩けど樹齢８００年だという古茶樹は一向に見えてこない。

だいぶ歩いたところで、道の左右の樹木に掛けられた赤い大きな横断幕が眼に飛び込んできた。そこには白字で「千年古茶送你千歳祝福」と書かれている。

「え？　千年古茶って書いてあるけれど？　千年ってなに？　千年なの？」

横断幕を見た瞬間、私は思わず声が出た。

「どっちだ？　どこだ？　どれだ？　こっちか？　これか？　これだ！」

【図表41　樹齢800年の古茶樹】

「これですか？〈これのようだ〉」

「えー！　すごいよー！」

先生が感嘆の声を上げた。

ようやく辿り着いた。そこにはまさしく太い幹をした、いかにも古茶という茶の樹があった。樹高は5・5メートルほど、幹囲の根本は1・5メートル近くはあるだろうか。地上1メートルあたりからは直径40センチくらいの幹が4、5本ほど枝分かれし、そこからさらに上へ横へと枝をひろげている（図表41）。よく見ると、枝の先には濃い緑色をした茶葉がしっかりと生えている。茶の樹というものの強い生命力を感じさせられる。

この古茶樹は山の斜面に生えていることから、かつて山の頂に植えられた茶の樹から転げ落ちた種子が芽を出して育った一つであると思われる。古茶樹のまわりには有刺鉄線が厳重に張り巡らされており、人の侵入を阻んでいる。

「この古茶樹は推定樹齢８００年です。古茶樹の発見には中国政府から賞金を出すとの御触れがあり、それによって昨年発見されたものです。まだ中国のお茶専門の研究者しか知りません。公式には海外に発表していませんから。日本人としてこの古茶樹を見るのは、今日が初めてです」

陳さんが、そう説明した。

なんという、サプライズだ。てっきり樹齢５００年の茶樹王二世を視察するものとばかり思っていたのだが、図らずも樹齢８００年の古茶樹を目の当たりにすることとなった。樹齢８００年というから、日本ではおよそ鎌倉時代初頭の頃まで遡ることになる。

唐代の文人であった陸羽（リクウ）（７３３頃?～８０３?）が世界最古の体系的茶書『茶経（チャキョウ）』を著し、その冒頭で「茶は南方の嘉木なり」と記したのが７６０年頃のことだった。ここでいう南方とは中国南部、嘉木とは最優良樹木の意味だという。陸羽が述べた南方が具体的にどこなのかは、必ずしも明らかではない。（『茶経詳解』布目潮渢・淡交社、『茶経・喫茶養生記』林左馬衛、安居香山・明徳出版社より）

ここ西双版納の南糯山の地を歩いていると、樹齢４００年前後の茶の樹がゴロゴロとじつに珍しくもなくたくさん生えていること。この辺りにはかつて樹齢８００年の茶樹王があったこと。新たに樹齢８００年の古茶樹が発見されたこと。これらを考えあわせると、私はここ雲南省西双版納の地こそが茶樹の原産地における、その起源の中心地ではないか、という確信めいた思いを抱かずにはいられなかった。

午後、思江さんのお宅でハニ族のお茶を飲ませてもらうことになっているが、その前に昼食をすませてしまおうということになり、地元民が通うという食堂に入る。この日、３月８日は国際女性デーということで、食堂は地元の若い女性に男性も混じってとてもにぎわっていた。国際女性デーで地元民が盛り上がる食堂では音楽が大音響で鳴り響き、手拍子に大合唱がこだましている。そんな歌い、踊り、飲み交わすなかを通って、私たちは食堂の一番奥まったところにある回転テーブルに席を取った。

少しすると、何品もの料理が大皿に盛られてはこばれてきた。回転テーブルにならべられたのは、卵を使った料理、肉の料理、キノコの料理、サヤエンドウの料理などで、どれもとてもおいしい。炒めものが多いのだが、なかでも私がひどく気に入ったのは卵を使った料理だった。ご飯はスリランカやインドのようにパサパサとした米ではなく、日本米に近いがややねばつき感がある。これが蓋のないプラスチック製のお櫃にドンと山盛りに出てくる。料理のおいしさに次から次へと箸を伸ばし、気がつくとご飯を三杯もおかわりしていた。

お茶はガラスのコップに黄色い茶葉をそのまま入れ、やかんの沸騰したお湯を注ぐ。つまり茶漉しは使わない。少し待っていると自然に茶葉がコップの底に沈むので、その上澄みをすするのだ。飲んでなくなれば、またコップにやかんからお湯を注いで飲むという具合である。そもそも、お茶というものの最初はこのようにして飲んだのだろう。現在のような急須に茶葉を漉して飲むようになったのは、ずっと後世のことだといわれる。お茶は日本茶に似た風味だが、やや薄味といった感じである。

初日に泊まった昆明の高級ホテルに比べると、宿泊するホテルのグレードは日に日に落ちていく。しかし、田舎に行けば行くほど食事はむしろどんどんとおいしくなっている。雲南料理は隣接する四川省の四川料理に味付けが近いのではと思っていたが、その多くはけっして辛くもなく、くせもない。肉、魚、野菜と豊富な食材に油こそ多く使ってはいるものの、まったくしつこいという感じがしない。意外にもあっさりとした素朴な風味なのである。日本人好みの味付けではないかと思われる。

そういえば、１９７０年代以降の日本の文化人類学において、一定の影響力を持った学説に「照葉樹林文化論」というものがある。この学説のおもな提唱者は、文化人類学者の上山春平氏、佐々木高明（コウメイ）氏、中尾佐助氏らである。

ヒマラヤ山地の中腹あたりから東方へ、ネパール、ブータン、アッサムの一部を通って、東南アジア北部山地、雲南・貴州高地、長江流域の江南山地を経て、西南日本に至る東アジアの暖温帯には、照葉樹林と呼ばれる常緑の広葉樹林帯が広く分布している。この照葉樹林帯の各地には共通の文化的特色が数多く存在しており、日本の生活文化の基盤をなす要素が、雲南省を中心とする西のアッサムから東の湖南省に至る半月形の地域（彼らが「東亜半月弧」と名づけた地帯）に集中し、その一帯の文化は基底の部分で共通するものがあるのだという。

具体的なものとしては、焼畑農耕、モチ種作物の開発と利用、ナットウや麹酒の製作、飲茶の慣行、漆と竹細工の文化、歌垣の習俗などがあるという。

日本文化のルーツは照葉樹林帯、それも雲南省にあるのではないかとの考えもある。（『照葉樹林文化』上山春平・中公新書、『続・照葉樹林文化』上山春平、佐々木高明、中尾佐助・中公新書、『照

葉樹林文化とは何か』佐々木高明・中公新書より）

雲南を旅していてどこか心地よいのは、日本文化のルーツにその秘密が隠されているのではないか。気に入った卵料理とご飯を頬張りながら、私はそんなことばかり考えていた。

おいしい料理に満足し、お茶を飲んでしばし寛いでいると、なにやら音が聞こえてくる。窓外に眼を向けると、雨だ。雨が降っている。昼食を後にして、先に古茶樹を見に行ったが、正解だったのだ。雨であったならば道も悪くなり、３キロもの登り坂を歩くのは困難だったと思われる。無事に古茶樹を見られたことに、ホッと安堵する。

5　ハニ族の土鍋茶

中国の民族数は、現在56にまで細分化されている。すなわち、全人口の92％を占める漢民族と残りの８％を占める55の少数民族から構成されている。雲南省には、ハニ族のほかイ族、タイ族など25もの少数民族が集まり、その人口はおよそ１４００万人だという。

このうちハニ族の歴史は、現在わかっているだけでも52代目を数え、1代を約20年と計算しても、およそ１０００年もの歴史があることになる。彼らは少なくとも、１０００年も昔から茶とともに生きてきた民族なのである。

ハニ族のお茶に土鍋茶というものがあり、思江さんがご馳走してくれるという。茶葉を土鍋のな

【図表42　ハニ族の土鍋茶】

かに入れてから火で炒る。香ばしい薫りがしてきたら、そこに水を入れて火にかけ、沸騰したら土鍋茶のできあがり、といった具合につくり方は至って簡単である（図表42）。

グラスに注がれた土鍋茶を味見してみる。水色は黄色みがかった緑色で、爽やかな渋味の中にも香ばしい甘味を感じる。

思江さんによると、この土鍋茶は最近ではふつうの日には飲まないお茶で、なにか祝い事など特別な日に飲むお茶だという。

別れ際、思江さんが「茶園では11月に摘んだ秋茶が、もっともおいしいんだ」と、笑顔で熱っぽく語っていたのが印象的だった。

思江さんの家から外に出ると雨はすっかりあがっていた。今日は、朝から大雨に雹の荒天、そして曇り、晴れ、それから雨、また晴れ、とまるで猫の目のように変わる天気だったが、思いのほかすべての行程がうまくはこんだ。

家の前の通りにできた、いくつもの小さな水溜りが柔らかい陽光を跳ね返しながらキラキラと光っていた。

6　少数民族の日曜市場

孟海から南に20キロほど行ったところに孟混（モンフン）という小さな村がある。これといって名所旧跡の類などなにもないところである。だが、毎週日曜日ともなると、村の通りに面した市場が大勢の人たちでにぎわうという。毎週開かれるこの日曜市場は西双版納最大の市場で、近くに住むタイ族やハニ族、イ族などの少数民族が民族衣装でお店を出しているのだそうだ。日曜市場は、朝早くからはじまりお昼過ぎには店仕舞いになるというので、朝食をとるとさっそく出かけてみることにした。

【図表43 孟混の日曜市場】

日曜市場は、たくさんの人たちで活気にあふれていた（図表43）。お店を出している人、買い物に来た人、みな地元や近くからやって来た少数民族の人たちだ。出店で売られているものは青野菜に芋や豆、唐辛子、果物、魚、鶏肉、豚肉、雑貨品などなど。魚も生きたままなら、生きた鶏からひよこというようなものまである。

段ボール箱の中でピヨピヨと鳴くひよこたちを見ていると、小学生の頃に夏祭りの露店で売られていたピンクや青、緑、オレンジなどの染料で着色されたカラーひよこを想い出す。カラーひよこは、卵を産まない雄の雛でおもに愛玩用として売られていた。ここのひよこはカラーひよこではなく、普通のひよこであるが買った人はいったいどうするのだろうか。飼って鶏に育てるのか。そもそも雌なのか雄なのか。それとも買って帰って…。もうこれ以上は、考えるのをやめた。

市場には他にも饅頭のようなものや麺類など、その場で食べられるものを調理して売っている出店もある。肉屋では切り出した生肉の塊もそのままに、でんと木の台にのせてならべている。日本だったらなんのラッピングもなしにこのように陳列されても非衛生的に思い、誰も買わないだろう。

市場には、このようにいろんな物がひしめきあっているということもあろうが、おいしそうな料理の匂いに香辛料などの混ぜこぜになった臭いが、互いに競い合って自己主張している。そのせいなのか、なんとも刺激的な臭いがあたりを包み込んで鼻持ちならないことしきりである。思わず、口をハンカチで覆いたくなる。

この日曜市場の見所の一つに少数民族の人たちが身に纏っている民族衣装がある。じつに、さまざまな色使いや飾りを施した民族衣装を眼にすることができる。ハニ族の民族衣装は、昨日茶摘みを見せてくれた思江さんの娘さんたちを見ていたのですぐにわかった。だが、他の民族衣装は何族のものなのかわからない。

民族衣装についての予備知識があったならば、きっと違う眼で見ることができたのでは、と思うと少々残念な思いである。

7　普洱茶

普洱茶の製茶工場である「孟海県葉庄双麗制茶廠」を訪ねた。「廠」とは工場の意味だそうだ。この普洱茶工場では、製茶機械や製造工程を見せてもらうはずであった。ところが、である。対応した責任者によると、この日工場は休みだという。しかも製茶法は秘密であるからとの理由で工場のなかさえも見せてもらうことができない。

こちら側としては、たしかに話が通っていたはずなのに、当日になると相手側から一方的に拒否される。中国ではよくあることのようだが、やはり釈然としない。少々苛立ちをおぼえた。が、製茶工場を見ることができないので、普洱茶について話を伺うことにした。まずは、ここの責任者だという眼光の鋭い、いかにもヤリ手風といった女性が数種類の普洱茶を試飲させてくれた。

彼女のお茶を入れるようすを見ていると、普洱茶は丸や四角に固めた形になっており、その塊を使う分だけ崩す。予め温めた急須に崩した茶葉を入れ、熱湯を注いで急須の蓋をし、さらにその上から熱湯をかける。紅茶のように3分も蒸らすようなことはしないでも、割合とすぐに抽出されるので、すぐさまポットのような容器に急須から注ぎ移す。最初に抽出したものは埃などがついているので、飲まずにそのまま捨ててしまう。次に同じように抽出したら、お猪口ほどの小さなガラス製の茶杯に注いで飲む。器が小さいためか、自然とちびりちびりと飲む。色が出るうちは何度でも飲むことができるという。

彼女の話によると、普洱茶には緑茶と黒茶とがあり緑茶は自然発酵させたもので、見ると発酵させない日本茶のような水色をしており普洱生茶というのだそうだ。発酵させてはいるが風味は緑茶である。これに対して黒茶は人工的に発酵させたもので普洱熟茶といい、水色は薄い赤紫色をしている。少し赤みがかっているので中国紅茶に似ているのかと思いきや、ほうじ茶風で紅茶のような強い渋味はなくあっさりとした香味である。

普洱茶には、いろんな種類と大きさの物がある。普洱茶は、一般的に文字が型押しされた餅茶という厚さ2センチほどの丸い鏡餅のような形をしている。直径17センチくらいのものを大餅茶、直径10センチくらいのが小餅茶というのだそうだ。直径8センチくらいのお椀形をした沱茶、1回分用の直径2センチくらいの小沱茶というのもある。他にはやや大きい煉瓦のような形をした磚茶というのもある。

8　茶馬古道

朝9時にホテルを出発し、普洱から南へ50キロほど下った標高1000メートルほどの山間部は那柯里(ナスリ)村近郊の茶馬古道へと向かう。茶馬古道とは、シルクロードとならぶ中国最古の交易路で、雲南省で穫れた茶をチベットの馬と交換したことから名づけられた。このもう一つのシルクロード、悠遠なる茶馬古道は別名「西南シルクロード」とも呼ばれており、最初の茶馬古道は、今からおよそ1000年以上も前につくられたという。

雲南の茶商たちは、チベットへ輸出するために思茅地区などで穫れた茶を大量に普洱に集積した。そのさい茶をはこびやすくするために茶葉を固めた形につくり、これを馬の背に積んで隊商を組んで出かけて行った。隊商に使った馬は正確には騾馬（ラバ）といい、雄のロバと雌の馬との交雑種である。隊商は、チベットへ茶の他にも塩や砂糖などの生活必需品をはこび、復路チベットからは馬や牛、羊、毛皮などを持ち帰ったといわれる。

茶馬古道は、この交易のために長い歳月をかけて少しずつ石を敷き詰めた道を延ばしていき、唐の時代にその原形が生じ、この頃にはすでに交易がはじめられ、明、清の時代に急速に発展した。普洱を中心として四方八方に合わせて5本の街道がつくられた。普洱から北へ大里（ダーリー）、麗江（リージアン）、香格里拉（シャングリラ）からチベットのラサまで、さらにラサから南下しネパール、インドへと至る。また昆明を通って北京へ、南へはラオス、ベトナムへと至るルート。西へは思茅からミャンマー（旧ビルマ）へと続く。これらの中でも普洱から昆明に至る街道は「官馬大道」とも呼ばれ、今も往時の姿を維持し、もっともよく保存されているという。

陳さんによると、先頃茶馬古道の隊商を再現しようと昆明から北京までを馬でじっさいに歩いたのだという。北京までの道のりは、およそ6か月もかかったのだそうだ。だが帰りはさすがに人も馬も車ではこんだということである。

バスを降りると道の入口に石碑が建っている。石碑には「茶馬古道」と刻まれており、ここからは歩いて行く。

「道はそんなに悪くないです」

陳さんが言った。

一昨日歩いた古茶樹への道のりは急な坂で息も切れ切れになったが、今日はただ道が通っているところを歩くだけだから、そうたいしたことはない。しかし、茶馬古道へと入っていく道すがら住居が建ちならんでいるが、昔ながらの伝統的な木造家屋ではなく、見るからに近代的な鉄骨住宅である。これから本格的に茶馬古道に入るという寸前の道も、とてもきれいにコンクリート舗装により整備されており、なんとなく厭な予感がしてくる。以前訪れたことのある先生も、歩きながら何度も辺りをきょろきょろと見廻し、周囲の様変わりに驚きを隠せないようすである。

すたすたと先を進む先生に、ここでもぴったりとくっついて行く。しばらく歩くとコンクリート舗装はなくなったが、なかなか茶馬古道らしき道が見えてこない。しかも、道にはトラクターでも入ったのではないかと思わせるキャタピラの跡がくっきりと残っているではないか。ますます厭な予感がしてくる。

「あれ？　石がないよ」

先生が不安げに呟いた。石とは、茶馬古道に敷き詰められた石だたみのことだ。

「え？　石がなかったら茶馬古道じゃなくなっちゃうじゃないですか。このまま石がなかったらどうしましょう？」

石だたみでいっぱいに敷き詰められた茶馬古道を想像し、期待していただけに私も間髪を入れずに言葉を返した。

「………」

無言の先生。

さらに道を先へ先へとしばらく進んで行く。

「石があったよ！」

先生が安堵の胸をなでおろすかのように言った。

【図表44 茶馬古道】

「ありました？　あ！　あった。石がありましたね。石があってよかった」
先生がお気に入りの一眼レフカメラを向けた。すかさず私もコンパクトデジタルカメラで同じように立ち止まって撮影する。
少し歩くと、茶馬古道の両側には鬱蒼と生い茂る木々が立ちならぶ。二人で茶馬古道を歩きながら、幾度となく立ち止まっては古道を撮影し続けた。さらに進んで行くと古道は狭くなり険しさを増していく。

この道をかつて何十万頭という馬と人が歩いたのだ。茶馬古道は１・２メートルほどの道幅に大きさ３・４０センチくらいの石がぎっしりと敷き詰められている（図表44）。これら石だたみの石のなかには、よく眼を凝らして見るとその表面に、なんと馬の蹄の跡が残っているものもあるではないか。蹄の跡をじっと眺めていると、茶馬古道を行く馬の嘶き、隊商の足音が今にも聞こえてきそうである。そんな石だたみに敷き詰められた石の一つひとつに歴史の重みを感じる。

茶馬古道は場所によっては急な坂道になっており、気がつくと額も背中もびっしょりと汗で濡れていた。私は茶馬古道というものを少々甘く見ていたようだ。ここは今回の紅茶の旅でも、もっとも体力が必要なところだったのだ。

さらに先に見える山の頂上付近まで目指そうかとも考えた。だが、これから先の道もよくわからず、出発してからすでに1時間も歩き続けている。さらに先まで進むか思案したが、今日はここまでとすることにした。ここから引き返すとして、帰りの道もまた1時間歩かなくてはならないからだ。

陳さんによると、この茶馬古道を世界遺産にという声もあるそうだ。が、そうなると観光名所として道が整備され、茶馬古道の本来の姿が跡形もなくなってしまうのではないかとも懸念される。

もしかしたら、次回訪れることがあったとしても、茶馬古道の石だたみがなくなってしまっているのではないか。今日、らしき茶馬古道を見ることができたのは幸運ということにはなるまいか。私は、そんな漠たる不安感を抱えて石だたみを一歩ずつ踏みしめて、帰りの道をひたすら歩いていた。

バスは思茅地区の茶園へと向かって走る。茶園に到着すると、その入り口には赤い文字で「中国茶城」と大きく刻まれた高さ3メートル以上もある石碑が建っている。石碑のまわりにはすでに人だかりができており、観光客らしき人たちでにぎわっている。どうやら、顔貌や話ている言葉から察するに、その多くは中国人のようである。

私たちは、ひたすら茶をもとめて雲南の地を旅してきたのであるが、中国の人たちにとっては、ここは数ある観光名所の一つなのだろうか。

辺りを見廻してみるに、多くの観光旅行者が訪れると思われるような名所旧跡があるとは、とても思えないところなのだが。

広大な茶園を一望するに、隅々まで剪定がいきとどき、きれいに手入れされているのがよくわかる。茶園は、段々茶畑になっており、茶樹の列が幾重にもひろがっている。

この広い茶園のあちらこちらに眼を移すと、人の点在しているようすが見える。茶摘みさんだ。彼女らは、つば広帽子を日除けに、竹で編まれたかごを肩から襷がけにして、手摘みによる茶摘み風景を見せてくれている。

彼女らの茶摘みのようすを愉しみながら、なにかに誘われるかのごとく、段々茶畑に並行するように据えられた石段を昇って高台へと出てみた。

するとそこには思茅の景色が３６０度ひろがっていた。春の風がやさしく頬に伝わり、とても気持ちがいい。

そこへ、バスのドライバー、熊(シュン)さんも高台へ上がって来た。熊さんは、熊の文字が体を表すではないが、がっしりとした体格で背も高く、坊主頭。浅黒く日焼けした一見して強面風のどことなく近寄りがたい雰囲気を醸し出しているのだが、それでいて時々とてもやさしい眼をしているのが印象的である。

鞄から手帳を取り出して、彼と筆談で名前を交換した後は、「いい景色だ」と身振り手振りで会話をする。言葉はないが、お互いただ微笑むだけで和む。

段々茶畑の向こう側には、いくつもの近代的な高層ビルディングが建ちならぶ思茅の街並みがどこまでも続いている。

午後のやわらかい陽射しに照らされて翡翠色に輝く段々茶畑と茶摘みさんたち、それとコントラストをなす無機質にも思えるコンクリート色で満たされた高層ビル群。

そんな風景を望みながら、時の経つのも忘れてたたずんでいると、鮮やかな色彩の民族衣装を身に纏ったハニ族の娘さんたちの可愛らしい茶摘み風景が、ふと鮮明に想い出された（図表46）。

そっと、瞳を閉じてみる。

彼女たちの愛らしい可憐な歌声が聞こえたような、そんな気がした（図表45）。

【図表45 茶摘み恋歌】

♪茶摘み恋歌

三月になると　里は茶摘みの季節
男も女もいっしょに　民族の歌を歌う

茶摘みをしながら　愛しいあなたを想う
あなた　今どこにいるの
私いつまでも待つわ　ここであなたを
あなたへの愛を　この歌にこめて届けたい

遠く離れていても　二人は繋がっている
私たちは　愛し合っているはず
いつかきっと　逢える日がやってくる
私が帰るその日まで　待っていてほしい

【図表46 ハニ族の茶摘み風景】

第4章　神さまの茶園

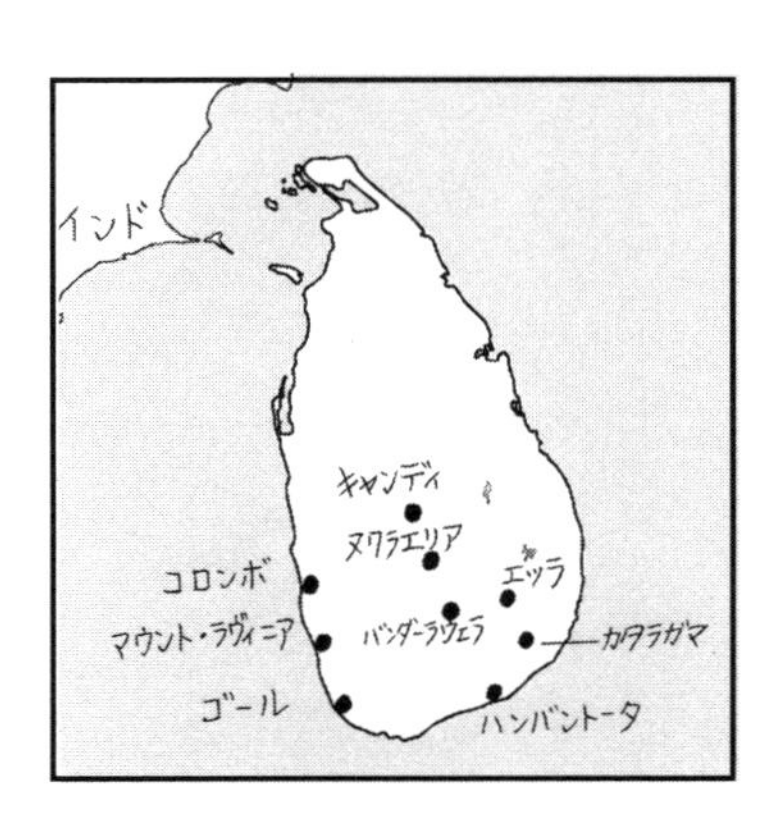
インド
キャンディ
ヌワラエリア
コロンボ
エッラ
マウント・ラヴィニア
バンダーラウェラ
カタラガマ
ゴール
ハンバントータ

1　諸行無常

海辺を快走するバスの車窓を流れる風景を眺めながら、私はこの地を訪れた2年前のことを思い出していた。わけても、スリランカ南部の港町ゴールは、スマトラ島沖大地震による津波被害が大きかったところである。

津波にのみ込まれて倒壊した家屋、屋根から窓までもが壊されて押し潰されてしまった車や列車など、当時の生々しい被害状況が鮮明に脳裏に蘇る。しかし、私の予想に反し車窓から見廻すかぎり、それら震災の痕跡はほとんど見受けられない。少しずつではあるが、前に向かって歩んでいるということなのだろうか。

震災からはすでに2年半ほどが経ったが、被災した人たちにとってはとても気が遠くなるような長い月日であったろうと思われる。一瞬にして、あたりまえのように過ごしていた日々が一変したのだ。家族や恋人、住むところ、仕事、すべての財産を喪った人たちも大勢いたことだろう。日常のなにげないことにさえ、これまでにない不便や苦労を余儀なくされたに違いない。今後は、さらに復旧から復興へと進んでいくであろうが、家族や大切な人を亡くしてしまった人たちの心の傷は、これからも永遠に癒されることはないだろう。

しかしながら…と思うのである、不幸にして震災に見舞われた人たちが、どんなに過酷な状況下にあろうとも、諸行無常、時代はめぐり、世の中は廻っていくのだろうと。今後5年、そして10年と復興とともに過ぎゆく時間の流れのなかで、震災の記憶を風化させず、いかに次世代に継承していくか。これは震災を生き抜いた人びとが果たすべき役割なのだと。そうでなければ、多くの犠牲のもとに学んだ震災の教訓も、やがては再び歴史の奥底へと埋もれてしまうだろうと。

ゴールの町並みを見つめながら、私はそんなことを思いめぐらしていた。

2　スリランカ紅茶の高度三区分

バスはゴールから、さらに南下してルフナ地区へと向かう。目指すルフナ地区はスリランカ島の南部に位置し、スリランカの紅茶産地のなかでも、もっとも標高の低いところにある。ここで穫れるのはいわゆる低地産、ロウ・グロウン紅茶で標高０から６００メートルの区間に位置する。なお、ルフナというのは、かつてセイロンが三つの地区「マヤ、ピヒティ、ルフナ」に分かれていた１２９０年頃までの地名で、現在はサバラグムワという。

ひと口にスリランカ紅茶（セイロン・ティー）といっても、その品質、風味などはバラエティーに富んでおり、産地の高度によって紅茶の個性にもさまざまな変化がみられる。紅茶の産地は、高度６００メートルくらいまでの低地から高いところでは１８００メートルの高地まであり、高度０～６００メートルの区間をロウ・グロウン（LOW GROWN: 低地産）、６００～１２００メートルの区間をミディアム・グロウン（MEDIUM GROWN: 中地産）、1200〜1800メートルの区間をハイ・グロウン（HIGH GROWN: 高地産）として区分している。ロウ・グロウン紅茶にはルフナがあり、ミディアム・グロウン紅茶にはキャンディが、ハイ・グロウン紅茶に属するものにはウバ、ヌワラエリア、ディンブラなどがあるが、ここでいう高度の区間は一つの目安として考えたい（図表47）。

なお、スリランカ紅茶の高・中・低地産の区分について、たいていの紅茶の本では茶園の高度の意味で説明しているようだが、荒木安正氏および堀江敏樹氏はこれら三区分の基準となるのは、茶園の高度ではなく製茶工場立地の高度によるものであるとしている（荒木安正『紅茶技術講座Ⅱ』・柴田書店、荒木安正『紅茶の世界』・柴田書店、堀江敏樹『紅茶の本』・南船北馬舍）。これら三区分は「流通上の区分」というのが、その理由のようである。すなわち、荒木安正氏によれば「生産地域別区分（高度別区分）によると原料茶取引市場における売り手と買い手の双方にとって仕上茶の持つ性格、特徴、品質水準についてのより具体的な目安を示す意味で有効であり、生産地域（高度）ごとに明らかに性格、特徴、品質水準が異なり、個性的な差異がある場合が多い」（『紅茶技術講座Ⅱ』）としている。

ただ、紅茶の製茶工場はたいていその茶園のエリアの近くや中心的な場所に設けられていることが多く、これら三区分について各紅茶メーカーの販売方法により分けていることもあり、製茶工場や茶園の高度というのも厳密に分けて表示されているわけではないようである。例えば、茶園の高度が三区分のうちミディアム・グロウンにあたり製茶工場の高度がロウ・グロウンにあたるような場合では、製茶工場ではなく茶園の場所の高度を表す場合もある。

【図表47　高度によるスリランカ紅茶の区分】

高　度	区　分	主な紅茶の種類
1，800m～1，200m	ハイ・グロウン（高地産）	ヌワラエリア ウバ ディンブラ
1，200m～600m	ミディアム・グロウン（中地産）	キャンディ
600m～0m	ロウ・グロウン（低地産）	ルフナ

3　ルフナの紅茶工場

ルフナ紅茶のディバギリ茶園に到着する。低地産ということもあり、茶畑はバスを降りると山を登ることもなく、歩いてすぐのところにあった。茶畑では茶摘みさんがすでに茶葉を摘んでいる。よく見ると茶葉はやや大きめで、触ってみるととても柔らかい。

出迎えてくれた工場長さんの案内で、さっそく紅茶工場を視察する。建物の二階はここでも萎凋室となっている。萎凋槽には茶葉がぎっしりと敷き詰められ、辺り一面フルーティーな香りにつつまれる。

ここでは、萎凋槽に平行するようにして真上の天井にレールが引かれ、滑車が取りつけられている。この滑車にS字型フックを引っ掛けて、吊るしたかごで茶葉を効率よくはこぶことができる仕組みになっているのだ。このような萎凋室を見るのは初めてである。

一階に降りると揉捻、玉解き・篩い分け、酸化発酵、乾燥、そして区分けが行われていた。だが、スリランカ紅茶の標準的なオーソドックス製法に見られるローターバンの工程はなかった。製茶の最終仕上げ段階では、自動選別機に「ハットリセイサクショ　キョウト　ジャパン」とローマ字で記された日本製の機械が使用されていた。日本の科学技術、メイド・イン・ジャパンが、遠いスリランカの地で紅茶製造に貢献しているとは思いも寄らなかった。これを見たとき、自分が日本人であることが少しだけ誇らしく感じられた。

できたてのルフナ紅茶をテイスティングさせてもらう。テーブル上にテイスティングカップが4組ほどならべられた。水色は、いずれも赤みがかった深いオレンジ色をしている。テイスティングのボウルからティースプーンでひと匙すくい、口に含んでみる。味は濃厚な重い渋味がある。香りはいくぶんスモーキーな感じをおぼえる。ヌワラエリア紅茶よりは、個性が強いといえるだろうか。ミルクティーで飲みたい紅茶である。

4　シナモン村

人類とスパイスとの出会いは、およそ６０００年もの歴史があるといわれている。スパイスの中でも人類がもっとも古くから関わってきたものの一つにシナモンがある。紀元前時代の古代エジプトでは、ミイラを保存するための貴重な薬剤としてシナモンが使われていたという。これはシナモンの持つ抗菌・防腐作用を生かしたものだ。

ゴールは、14世紀頃にアラビア人たちが船で辿り着き、貿易がはじまったスリランカ島南部最大の港町である。１５８９年にはポルトガル人が漂着し、島民に勝る武力によりゴールに砦を築く。この島にあるシナモンの存在を知ったポルトガルは、島の王と港を外敵から守るという名目のもとに毎年60トンものシナモンを貢がせる約束をさせる。こうしてポルトガルは、その後のシナモン貿易を掌握するようになっていく。

１６４０年になるとオランダが入植し、ポルトガルとシナモン貿易の主導権が争われる。これに敗れたポルトガルに代わってオランダによる植民地時代がはじまる。貿易を独占したオランダにより、シナモンは全ヨーロッパの市場へと流れていくことになる。この間、オランダはポルトガルから奪った海岸沿いの砦をさらに堅固なものとして拡張し、今なお残る砦となった。オランダはこの砦のなかに街を築き、これが現在のゴール旧市街の原形となる。

1796年にはイギリスに侵略され、これによりオランダに代わってイギリスによる植民地政策がはじまる。ゴールは、イギリス植民地時代にも支配の拠点として重要な位置を占め、堅固な砦を持つ城塞都市として完成された。

ポルトガルからオランダ、そしてイギリス。ゴールの歴史は、そのままセイロンで繰り返された西洋列強国による被支配の歴史といえる。ゴールの町は、スマトラ島沖大地震により大きな津波被害を受けた。だが、かつて外敵の防備のためにと支配者によって築かれた城壁に囲まれたところでは、そのほとんどが津波の被害を受けることもなく、結果的に多くの尊い人命(いのち)が救われたのだという。

歴史とは、じつに皮肉なものである。

ルフナ地区から北上し、内陸に向かって少し行ったところにシナモン村がある。シナモン村へは狭い道幅を進んで行かなくてはならない。そのため、バスからチャーターしたオートリクシャーに乗り換える。

オートリクシャーというのは、後部座席に2、3人ほどが乗れる小型の屋根付き三輪タクシーのことである。オートリクシャーの語源は人力車だといわれている。オートリクシャーにゆられながら進むこと、およそ10分でシナモン村に到着した。

まわりをシナモンの木々に囲まれるようにして建っている、ある一軒の家を訪ねる。ご主人に奥さん、おばあちゃん、元気のいい子どもたちに近所の人たちなのか大勢で歓迎してくれる。ご主人

【図表48 枝葉の切払い】

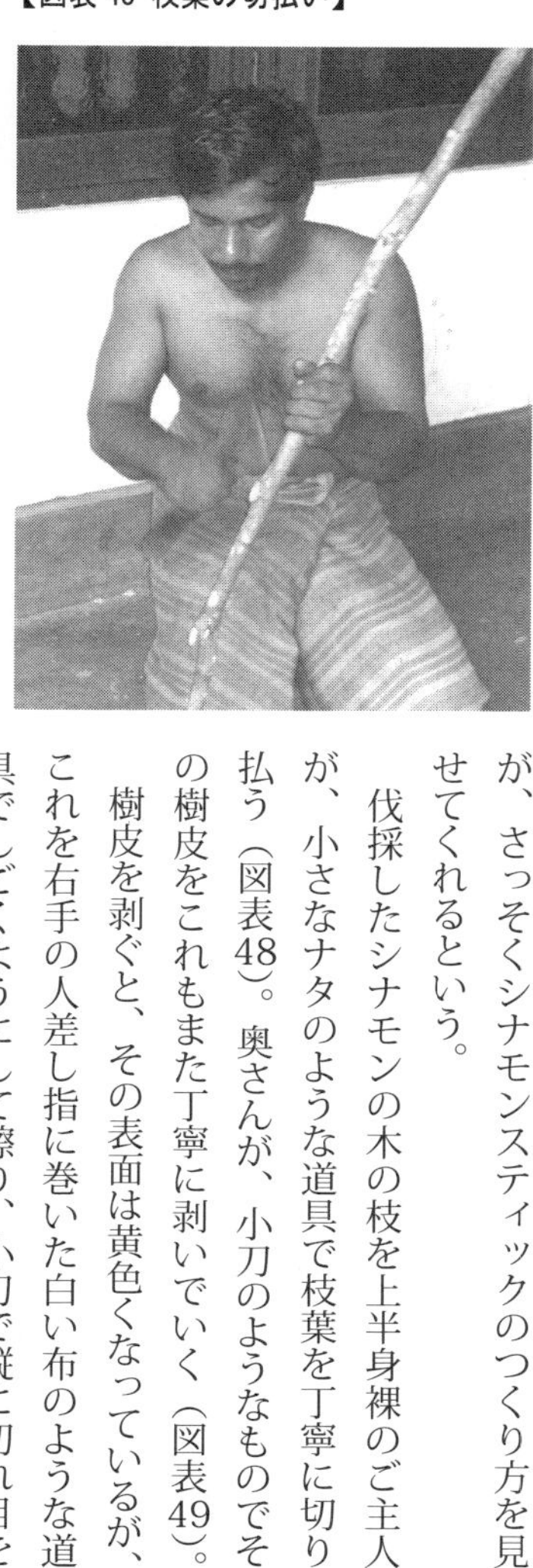

【図表49 樹皮を剥ぐ】

が、さっそくシナモンスティックのつくり方を見せてくれるという。

伐採したシナモンの木の枝を上半身裸のご主人が、小さなナタのような道具で枝葉を丁寧に切り払う（図表48）。奥さんが、小刀のようなものでその樹皮をこれもまた丁寧に剥いでいく（図表49）。

樹皮を剥ぐと、その表面は黄色くなっているが、これを右手の人差し指に巻いた白い布のような道具でしごくようにして擦り、小刀で縦に切れ目を入れて皮を20から30センチくらいの長さに剥ぐ。これも、ごつごつとした手のご主人が見せてくれた。

今度は、おばあちゃんが長めの皮に短い皮を詰め込んでいき、日本の巻き寿司をつくるような要領で丸める。これに位置を少しずらしながら、さらに皮を継ぎ足し、そのなかに皮を丸めて挟み込んで長さを足していく（図表50）。こうして90センチくらいの長さにまで継ぎ足した後、軒下でゆっくりと乾燥させるのだという。

乾燥したシナモンスティックは製品として出荷される。15センチくらいのパック詰めにして売られているシナモンスティックは、このようにしてつくられた長いスティック状の物が使いやすいようにカットされたものだったのだ。

この村では、８００年以上も前から同じ製法でシナモンスティックをつくっているとのこと。焼き菓子やパン、シナモンティーなど紅茶にもよく使われるシナモンであるが、まさかこのようにしてつくられているとは思いも寄らなかった。とても珍しいものを見せてもらった。

【図表50 継ぎ足し丸める】

5 紅茶の将来・子どもたちの未来

翌日、カタラガマのホテルをバスで出発し、海岸沿いのハンバントータ、内陸部のエッラ、バンダーラウェラを通ってヌワラエリアまで行く。ヌワラエリアに向かう途中、セイロン・ウバ紅茶をつくっているダンバテン茶園のパプタレ地区にある小学校を訪れた。生徒総数は1年生から5年生までの96人で、彼らの両親は茶園で働いているのだという。
小学校に到着したのは午後も1時半を廻った頃であった。じつは私たちが訪問するということで、この日は特別に午前中の授業が終わっても子どもたちは皆帰らずに待っていてくれたのだ。子どもたちの一人ひとりにボールペンやお菓子のプレゼントを渡す。すると、飛び上がらんばかりにきゃっきゃと、大はしゃぎして体全体で喜びをあらわす子がいるかと思えば、少しうつむきながらはにかんで口もとをほころばす子もいたりする（図表51）。

【図表51 小学校の子どもたち】

子どもたちは、皆とても素直で高学年の子もまったくスレたところがない。そんな子どもたちの屈託のない笑顔と、その真っ直ぐな輝く瞳を見ていると、こちらも思わず頬が緩んで幸せな気持ちになってくる。心が洗われるとはこういうことをいうのか。日本での雑然とした日々の生活の中で溜まってしまった、なにか汚いものが出ていくような感じだ。
将来、この子たちも両親のように茶園で働くようになるのだろうか。
スリランカは、１９６４年のインドとの協定により、紅茶プランテーションで働くインド系タミル人を段階的にインドへ送還してきた。インド系タミル人の37万余人がスリランカのＩＤカード（市民権）を得たが、その多くはスリランカ北東部へと移ったこともあり、南部山岳地帯を中心とする茶園の労働力が不足することとなった。

先頃行われたスリランカにおける茶園の労働力不足についての調査では、茶園に残った人びとのなかでも茶摘みの仕事を子どもが受け継ぐという習慣が失われつつあるという。両親や祖父母の時代と異なり、さまざまなチャンスがひろがり、ある者は大学まで進学し、コロンボなど都会で他の職業に就く茶園労働者の子どもたちもいるのだそうだ。なかには茶園で親と同居はしていても、茶園以外の仕事に就く者も増えている。IDカードの取得が進むにつれて、若い女性たちは茶摘みの仕事を厭うようになったのである。

茶園で働く親にしても、自分の子どもを茶園で働かせたくない、もっといい仕事に就いて、もっといい生活をして欲しいと願う者が少なくない。自分たちの苦労を考えれば、子どもには同じような思いはさせたくないというのは、やはり親心なのであろう。

親心といえば、学校で彼女らの子どもたちは、きれいに洗濯された真っ白なシャツに青いズボン、白いスカートを身に着け、足元は白いソックスに白いスポーツシューズを履いている。制服だといってしまえばそれまでだが、このように一式そろえて子どもに着させているのである。自分たちは毎日茶園のなかを裸足で歩き廻り、泥まみれ、汗みどろになっていても。いや、なればこそせめて子どもにはという思いがあるからだろう、と子どもたちを見つめつつそんなことを考える。

今後は、茶園の労働力不足がかなり深刻な事態になりそうである。茶園における労働力不足を克服するために検討されているのが、例えば企業が紅茶プランテーションの区画を労働者に貸し付け、企業は労働者から茶葉を買い受けて紅茶工場を経営していくというものだ。

また、これまでウリモノにしていた女性プラッカーによる茶葉の手摘みをやめて、機械摘みを進めるという動きがある。一部ではすでに取り入れている茶園もあるという。今後、憂慮されるのは、茶摘みの機械化により紅茶のクオリティーが下がることである。セイロンティーのすっきりとしてキレのある芳香と快い適度な渋味が、やがて味わえなくなってしまう日が来るのでは、と思うと暗然たる不安を感じる。そうなれば、スリランカの主要産業としての紅茶に明るい未来はないとさえ思える。

茶園労働者の厳しい労働環境が改善され、紅茶の品質も落とさず、茶園で働く次世代の人材にも事欠かない、そんなうまい話が果たしてあるのだろうか。

スリランカの未来を担う茶園の子どもたちにも、将来なりたいと思う職業が、夢が、希望が、きっとあるだろう。かつてのイギリス植民地時代とは、世の中が大きく変わったのだ。茶園の経営や労働環境も変わらなければならないときに、これまで歩んできたベクトルを大きく変える時期に来ているのではないだろうか。いや、21世紀になった今そんなことを言っているのでは、いささか遅きに失するようにも思われる。

子どもたちが大人になって茶園で働くようになり、おいしい紅茶をつくってくれることを期待するのは、彼らに酷というものだろう。子どもたちの純真無垢な眼差しを見ていると、とてもそんなことは容易には言い出せない。大人の世界とは無縁の純粋な子どもたちの夢や希望を大切にしてあげたい。

潮は沖へ引いているように見えても、満ちるときは瞬く間である。紅茶の将来のこと、新しい時代を生きる子どもたちの未来のことを考えると、なんとも言いようのない複雑な気持ちに包まれたところで。

小学校のあるパプタレ地区のダンバテン茶園といえば、リプトン紅茶の創業者トーマス・リプトン（１８５０～１９３１）が買い取ったところだ。セイロンで初めて紅茶栽培を成功させたジェームス・テーラーは、いわば「セイロン紅茶の生みの親」である。ならば、世界各国へと紅茶マーケットをひろげていったトーマス・リプトンは、さしずめ「セイロン紅茶の育ての親」といえるのではないか。

１８９０年の夏のある日、リプトンは当時イギリスの植民地だったセイロン島へと向かう。セイロンでは１８６５年頃から起こったコーヒーの枯凋病（錆病）により、それまでのコーヒー園が全滅してしまう。その代替作物としてシンコナの木や茶の栽培が行われるようになるのである。リプトンのセイロン視察は、セイロン島での茶栽培がようやく軌道に乗りかけたちょうどそんな頃だった。

セイロン島の高地で売りに出されていた茶園を次々に視察したリプトンは、状態もよく気に入った茶園を破格の安値で買い取ることに成功する。セイロン島南東部はウバ地方にあるパプタレ地区のグランオール・グループのダンバテン、レイモントット、モーネラカンデの三つの茶園とプッセラワ地区のプープラッシー茶園である。コーヒー園の枯凋病災害で土地の価格が暴落していたのだ。

彼が茶園に投資し、自ら紅茶事業へと乗り出したのは、「生産物は直接生産者から買うにこしたことはない」という母親の教えによるところが大きいといわれている。「DIRECT FROM THE TEA GARDEN TO THE TEAPOT！（茶園から直接ティーポットへ！）」というリプトン紅茶のスローガンも、じつは母親の教訓からなのである

テーラーとリプトン、二人は果たしてこのセイロンの地でかつて会っていたのだろうか。いろいろと思いをめぐらしてみる。二人とも同じスコットランドの出身で、年齢はテーラーが15歳年上。それぞれに紅茶に対する熱い思いが伝わってくる。会っていてもよさそうなものである。が、おそらく二人は会っていなかったであろうと考えられる。テーラーが、極端に人嫌いだったといわれているからだ。

もし、二人がセイロンで出会い、深い親交があったとしたならば、紅茶の歴史にまた違った一葉が書き加えられていたかもしれない。真相は知る由もないが、二人に親交とまではいかずとも、なんらかの接点があったと思いたい。私にはそんな気持ちがなおも心の奥底にある。

6　秘かな実検

モーニングコールが鳴ったのは午前5時だった。朝一番に出てヌワラエリアの紅茶工場を視察するため、辺りもまだほの暗いなかをバスで出発する。10分ほどでヌワラエリア紅茶のペドロ茶園に

到着した。２年前にも訪れた茶園である。

工場内に一歩足を踏み入れた。その途端、気分がふわーっとしてくる。

〈そうだ、これだ。あのときと同じだ。このものすごい香りだ。これが本当の紅茶の香りだ〉

できたての紅茶の香りをいっぱいに吸い込みながら、私は胸中でそう呟いていた。

まずは、紅茶工場の二階にある萎凋室から見ていく。萎凋槽に近づくとほどよくしんなりと萎れた茶葉からは、穫りたてのリンゴにも似たなんとも言えぬフルーティーな香りが漂ってくる。

続いて一階に降り揉捻、ローターバンに玉解き・篩い分け、乾燥、等級区分け、そして選別と順を追って一通りの製造工程を見ていく。やはり前に一度見ていることもあり、かなり余裕を持って見ることができる。写真はどの角度から撮影したらよいか、などといったこともだいぶ要領を得てきた。

【図表52 ティー・テイスティング】

工場視察に続き、できたての紅茶をテイスティングさせてもらう。テイスティングルームには13組のテイスティングカップがずらりとならぶ（図表52）。じつは私には、秘かな試みがあった。事の発端は先生が主宰する「紅茶・食品研究科」での私がした質問であった。

「スリランカやインドの紅茶工場にあるテイスティングルームは、紅茶の鑑定のために太陽光線の移動の少ない北向きの部屋がよいということを聞いたことがあるのですが、そうなのでしょうか」

「テイスティングルームは基本的には北向き、太陽光線の移動の少ないことが紅茶の鑑定のためにはよいとされています。なお鑑定は午前中にします。次回、方位磁石などを持参してじっさいに測定してみたらどうでしょう」

持参した方位磁石をテイスティングカップの横に置いた。

「あれ？　西向きだな。先生、テイスティングルームの間取りが西向きなんですけれど」

実検の結果は、私の予想に反して間取りは西向きであった（図表53）。先生に話すと、方位磁石を見たランジットさんから工場長さんに質問してくれた。

【図表53 方位磁石で実検】

「窓から光が入ってきて水色が見えればそれでよいのです。窓の向きが北側かどうかはあまり関係がありません」

じつにあっさりとした工場長さんの答えだった。紅茶の水色、すなわち茶液の色合いを正確に見るには、やはり北向きが理想であろうと思われる。が、じっさいの紅茶工場では立地条件のほか、当然のことではあるが、まずは香味を重視し、北向きの間取りにはこだわっていないということらしい。

工場視察の後は茶摘みをする。これまでにもスリランカ、そしてインドと茶摘みをさせてもらったが、どうも私には茶摘みの才能がないようだ。今回はもっぱら茶摘み風景の撮影に専念することにした。

帰り道は雷と横殴りの土砂降りになった。はっきり言って最悪の天候である。

「だいぶ雨も降ってきましたけれど、明日もし雨ならばルーラコンデラ行きは中止にします。道が危険だからです」

先生によると明日の天候次第ではスケジュールを変更するという。しかし、雨ぐらいのことでなぜルーラコンデラ行きが中止になってしまうのか。このとき、私にはまだその本当の意味がわかっていなかった。

7　神さまの茶園

昨日の豪雨がまるで嘘であったかのように、早朝から突き抜けるような快晴となった。今日、雨であったならば、私が一番楽しみにしていたルーラコンデラ行きは中止となるはずであった。やはり、常日頃の心がけがよいからだろう、と自分に都合のよい解釈をしてみる。

スリランカはインドに次ぐ紅茶生産国だが、その歴史は１８６７年に遡る。この年、古都キャンディの街から南東のルーラコンデラの地でジェームス・テーラーがアッサム種の栽培に成功する。これが、セイロン島の南部山岳地帯を中心とした茶園開発のはじまりだった。今日、ジェームス・テーラーが「セイロン紅茶の父」あるいは「セイロン紅茶の神さま」といわれる所以である。

１８５2年2月20日、スコットランド生まれの一人の少年がセイロン島へと旅立った。少年の名はジェームス・テーラー。このとき弱冠16歳であった。彼が遥か遠いセイロン行きを決意したのにはさまざまな理由があった。直接のきっかけは、セイロンに移り住んで6年になる母方の従兄にあたるピーター・ノイルの誘いがあったからだった。

だが、セイロンへと彼の背中を押した本当の理由、それは幼き頃の彼の記憶であったかもしれない。９歳のときに最愛の母を亡くし、その後父親と再婚した継母からはうとんじられ、そんなテーラーを父親さえも次第に愛さなくなってしまったのだ。

セイロンに到着したテーラーは、コロンボのゴールフェイスホテルに数日間滞在した後、キャンディへと向かい、コーヒー栽培園で働くことになる。彼がまだ17歳のときだった。

しかし１８６5年頃になると、コーヒーの樹の葉が枯れ落ちてしまう枯凋病が蔓延する。これにより、コーヒー園が壊滅状態に陥るとそれまでのコーヒー栽培に代わるものとしてシンコナの木の栽培が試みられる。このシンコナの木の栽培にテーラーは見事に成功する。

だが、シンコナは生産過剰に伴う価格の下落により市場は崩壊してしまう。その後もさまざまな代替作物の栽培が行われるなか、茶を栽培してはどうかということになる。ここでテーラーの秀でた植物栽培能力が注目され、彼に白羽の矢が立つのである。

テーラーは、茶摘みと揉捻の二つの工程を特に重視したという。茶摘みにあたっては、一芯二葉摘みが茶樹にもっともよいことを本能的に知っていたともいわれる。

ホテルを出発してからおよそ2時間半、かなり山のなかまで入って来た。ここからは道が狭くなっていくため、バスからマイクロバスに乗り換えてさらに奥へと登って行く。だが、このマイクロバス、よく見るとタイヤがかなり磨り減ってしまっているではないか。マイクロバスは、この磨り減ったタイヤでやっと車一台分が通れるほどの狭い山道を崖側スレスレに走って行く。しかも、雨がやんだとはいえ、まだ濡れている山道を走るのだ。このまま谷底にまっ逆さまに滑落しないだろうか、と下を覗くたびに肝を冷やすことしきりである。

ルーラコンデラ茶園へは、急なつづら折の坂道を登って行かなくてはならない。つまり、もし雨天であったならば、その道のりは極めて危険困難なものと言わざるを得ない。雨ならばルーラコンデラ行きは中止もやむを得ないことだったのだ。

マイクロバスの車窓から見える茶園の入口は、たくさんの山岩がごつごつと剥き出しになったとても茶園とは思えない険しい場所である。ここを茶園として開墾するのは、想像を絶するほどの苦節の道であったろうと思いをめぐらす。

【図表54 茶葉を乾燥させたかまど】

ジェームス・テーラーが開拓したセイロン最初の茶園ルーラコンデラ、そこにテーラーの生活跡地、バンガローがあるというのでさっそく訪ねてみる。すると周囲を柵と金網で厳重に囲まれた水溜りのようになったところがあり、ここはテーラーが浸かったとされる風呂場跡だという。

風呂場だといわれても温泉が湧き出しているわけでもなく、ここで水浴びでもしたのだろうか。標高も高く、冬場はかなり寒かったに違いない。

他にもレンガ積みで建てられた、茶葉を乾燥させたとされる大きなかまど（図表54）、一枚岩を重ねたこれもまた大きなテーブルのような物が置かれている。彼は、ここで食事をしていたのだろうか。じっさいに生活していたというバンガローを歩いていると、今にもテーラーの息づかいが聞こえてきそうである。

バンガローから、さらに少し歩いたところに彼がこよなく愛した場所があるという。そこは、崖の淵に置かれた石造りのベンチだった（図表55）。石造りのベンチ、テーラーズ・シートに腰を下ろすと、遠くの山々と茶園とを望む１８０度の碧いパノラマが眼前にひろがる。

テーラーは、ここに座っていったいなにを考えていたのか。幼き頃に亡くした最愛の母、それとも故郷スコットランドへの想いか。紅茶の栽培や製造のさらなる改良についてか。いろいろと思いをめぐらしてみるが、想像は尽きることがない。

16歳で生まれ故郷のスコットランドを離れてから死ぬまで一度も帰ることなく、このセイロンの地で生涯を独身で過ごしたテーラー。人との交わりというものを極端に嫌い、日々一人黙々と紅茶の栽培、製造に尽力した「セイロン紅茶の神さま」テーラー。

そんなテーラーが一度だけ休暇を取ったという。しかし、その休暇はインドのダージリンを訪れるためのものだった。たった一度の

【図表55 テーラーズ・シート】

休暇さえも、彼の頭のなかには紅茶のことしかなかったのだろうか。

テーラーによって栽培に成功したセイロン茶は、もともとはアッサム種にそのルーツがある。だが、ダージリン茶にはセイロン茶やアッサム茶とはまた違う繊細で芳醇な香りが漂う。そんなダージリン茶がどんなところで、どのようにしてつくられているのか。自分の茶園でもなにか生かせることはないのか。ダージリンの茶園がテーラーの好奇心をくすぐったことは想像に難くない。テーラーの一度だけの休暇、このエピソードは数ある紅茶のなかでもダージリン茶をこよなく愛飲する私としては、じつに感慨深いものがある。

テーラーが亡くなったのは1892年の5月2日、死因は赤痢だといわれている。57歳だった。

赤痢にかかった翌日も、彼は休むことなく茶園労働者たちに摘み取る茶葉の状態などの指示を出していたという。彼のバンガローの隅に立てられた碑の最後の一行には、こう記されている。

> 彼は一生を独身でとおした。
> ルーラコンデラは彼が最初に愛し、そして最後まで愛したところだった。

しかし、テーラーはけっして孤独ではなかった、と私は思うのである。彼は、孤高の人であったと。長年にわたり、ジェームス・テーラーの研究をされておられる先生の著書に、じつに興味深い記述がある。

テーラーは身長１８０センチ、体重１００キロの巨漢で人並みはずれて大きかった…彼の遺体は、24人の男たちによって、ルーラコンデラからキャンディのマハイヤワのクリスチャン墓地まで運ばれた。12人ずつが、４マイル（６・４キロ）ごとに棺を交代でかつぎ、カンガニー［その日の茶摘みの場所や茶葉の摘み方などを茶摘みさんに指示する茶園の監督者］たちと大勢のタミル人労働者が、彼の棺のあとから長い行列をなしてついてきた。みな彼の紅茶栽培にかけた情熱と努力を称え、口々に、「われらのテーラーは紅茶の父だ」と涙ながらに叫んだ。（『紅茶の国紅茶の旅』磯淵猛・筑摩書房、『一杯の紅茶の世界史』磯淵猛・文春新書より。角括弧は筆者加筆）

文章の海から一滴を引く。とても気が遠くなるような「12人ずつが、４マイル（６・４キロ）ごとに棺を交代でかつぎ」というエピソードが、ずっと心に残っている。人との交わりというものを極端に嫌っていたテーラーではあったが、ルーラコンデラの人びとは、一人紅茶に対する高い理想と志を抱いた彼を、ともに苦労してきた茶園開拓の戦友として見ていたのかもしれない。

「イソブチせんせーい！　そろそろ帰りましょう！　バスに乗りましょう！」

ランジットさんが心配そうな表情で先生を急かす。テーラーのバンガローとテーラーズ・シート、そこから見渡すかぎりひろがるテーラーの茶園、その素晴らしい眺望に堪能した私たちは、わずか一時間ほどの滞在ではあったが気分上々でマイクロバスへと乗り込んだ。

バスが走り、まもなくすると空に雲が垂れ込んできた。と思ったらザァーッと大粒の雨が落ちてきた。ランジットさんにはわかっていたのだ。天候がちょうどよいときにルーラコンデラを見ることができ、見終わって帰り道にはもう大雨である。なにか不思議な感じさえおぼえた。

8　ミルクティーおばちゃん

キャンディの中心街にあるホワイトハウス・レストランでティータイムにする。レストランは世界遺産にもなっている白壁の建物の一階部分にあったはずなのだが、2年ぶりに訪ねてみると二階に移っていた。昨年から移動したのだという。以前レストランのあった一階部分には、小洒落たブティックが入っていた。

【図表56 キリテをつくるようす】

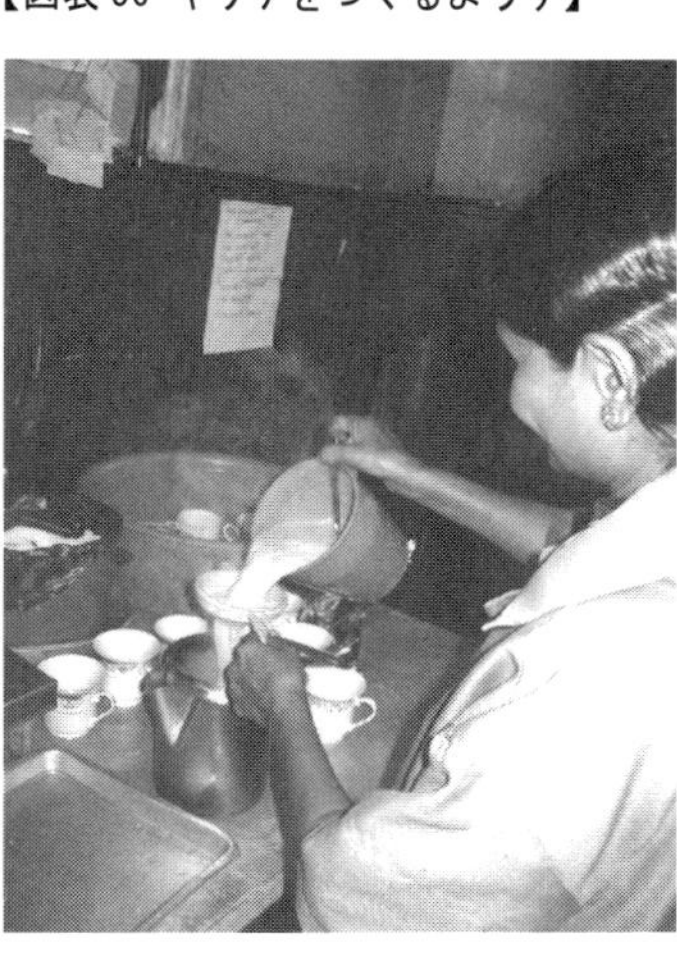

さっそくホワイトハウス特製の超甘ローカルミルクティーにコロッケをいただく。チャイ風のローカルミルクティーは、スリランカのシンハリ語ではキリテと呼ばれる。キリはミルク、テは紅茶のこと。コロッケはもちろん超辛のカトレットとフィッシュロールだ。

トマトケチャップをつけて超辛のコロッケにかぶりつく。スパイシーな風味がほどよく利いていて、やっぱり辛い。そして超甘のミルクティーをすする。こちらは甘々である。相変わらず超辛と超甘の口中でのバランスがとても絶妙である。自然と交互に口にしたくなる味わいだ。

ホワイトハウス特製の超甘ミルクティーのつくり方を見せてもらうことになった。厨房では、長い間ここでミルクティーをつくっているという、先生曰く、ミルクティーおばちゃんが、じつに慣れた手つきでローカルミルクティーを入れているところだった。

つくり方を見ていると、大型のプラスチック製カップにファニングスという細かい茶葉で抽出した紅茶を注ぐ。そのなかにコンデンスミルクと溶いた粉ミルク、精製の荒いざら目の砂糖をたっぷりと入れる。これを大きめのスプーンで数回かき混ぜた後、頭上高く持ち上げて反対の手には空の大型カップを低い位置に持ち、それにめがけて上から注ぎ落とす（図表56）。これを何度も何度も繰り返す。こうすることによって表面に細かい泡が立ち、紅茶とミルクと砂糖がうまく調合されて、泡々で超甘いローカルミルクティーができあがるのである。

大型カップで上から下へ注ぎ落とすやり方は、インド、コルカタの街なかで見たチャイのつくり方にそっくりである。適度に酸素を含ませながら紅茶を泡立たせて、甘み、まろみを出すという方法だが、つまるところ考え方は同じなのだろう。

9　オートリクシャーの男たち

コロンボにもどった翌日、私は街の本屋に行ってみることにした。ガイドブックを片手に地図を見ながら目的地を目指した。まずは初日に宿泊したホテルに隣接する大型ショッピングモールへと向かった。場所は、無類の方向音痴である私でもわかる大きな建物のゴールフェイスホテルからも近く一本道であり、しかも宿泊したホテルに隣接ということですぐにわかった。

建物のなかに入ると、お目当ての本屋はすぐに見つかった。だが、紅茶に関係したものは見当たらない。ここは潔く諦めて次はリバティ・プラザというショッピングセンターに行ってみることにする。今いるショッピングモールから真っ直ぐに行き、途中で左に曲がればよいのだからと安易に考えた。

しかし、道を歩いて行くと途中からどうしたことか、歩道がない。道路に沿うようにしてガードがかけられているのだが、そこは、どうにも人が歩けるようになっていないのだ。少し遠回りになるが大通りを渡って行くことにする。すると、やはり方向音痴ぶりを発揮してしまった私は、だんだんと道がわからなくなってきた。そこへ手招きをしながら大声で話かけてくる一人の男がいた。

「乗れ！　乗れ！　乗れ！」

オートリクシャーの運転手だ。薄っすらと汚れて草臥れたＴシャツに短パン姿、短髪で無精ひげを生やし、腹が出てでっぷりとしている。その風貌は、見るからにして私のもっとも苦手とするタイプの男である。道を確認しながら歩く私に並走するように徐行しながら、しきりに大声で乗れとがなり立ててくる。そんなに遠くではないはずだからと、オートリクシャーの男の誘いは無視する。

近くの建物前に直立不動で立っていた警察官、いや自動小銃を抱えていたから軍人だろうか。外国の制服は警察官か軍人なのかよくわからないものがある。とにかく彼に拙い英語で道を尋ねた。しかし軍人らしき彼はニコリともせず、一言も口を利いてくれない。私の拙い英語が通じないのか。見慣れない外国人だから応えてくれないのか、それとも職務に忠実ということなのか。

「乗れ！　乗れ！　１００ルピー！　１００ルピー！」

さっきのオートリクシャーの男だ。右手で手招きしながら頻りにがなり立ててくる。そのガツガツとした物言いが、いかにも怪しい。

なおも無視して歩いていたが道がわからなくなってしまったし、歩道がないので１００ルピーぐらいならば、と思い返して男の声に耳を傾けた。けっして、その激しい語勢にけおされたわけではない。

「100ルピーでいいのか？　リバティ・プラザに行きたいが、知っているか？」

行き先を告げて乗車料金を交渉するのは、メーターの付いていないオートリクシャーに乗るときの鉄則だ。

「オッケー。知っている。100ルピー」

ここは、やむを得ず乗ることにした。私が乗るなりオートリクシャーは猛スピードで走り出した。すぐさま、男は盛んに話かけてくる。だが、向かい風の音に声が途切れてよく聞き取れない。それでも、男の矢継ぎ早に浴びせてくる質問に自然と大声で答えていた。

「チャイニーズ？」

「ノー！　ジャパニーズ！」

「仏陀は見たか？」

「いや、見ていない！」

しばらく走るとオートリクシャーが突然停車した。なにやら神社のようなところである。建物の奥には仏像らしきものが安置されている。

「どうだ！　これが仏陀だ！」

男が誇らしげに言った。

「なに？　なにやってんの？　仏陀じゃなくて、リバティ・プラザに行きたいんだよ！」

「わかった。行く」

しばらく走って行くが、どうやらまた同じ道を走っているようだ。さっきの仏陀像のある建物の前へとやって来た。

「おい、お前！　いい加減にしろよ！　リバティ・プラザだよ！　そう言ったよな！　時間がないんだよ！　金払わねぇぞ！」

自然と怒りの感情が込み上げ、気がつけば英語に日本語も混じり語気が荒くなっていた。

「わかった。リバティ・プラザ」

どうやら今度はさっきとは違う道を走っているようだ。

「ここ。リバティ・プラザ」

ようやく目的地のリバティ・プラザに着いた。約束の１００ルピーを払おうと財布を取り出したときだった。

「２００ルピー」

男はそう言って右手を差し出した。

「え？　２００…。２００ルピー？」

「そうだ！　２００ルピーだ！」

「なに言ってんだよ！　お前、１００ルピーって言ったよな！」

「ノー！　２００ルピー！」

１００ルピー札を渡そうとするが、相手も頑として譲らず受け取らない。なおも大声で２００ルピーを要求されるが恐怖感はなかった。これでも講道館から黒帯をいただいている。得意技は、背負い投げと体落としを合体させた背落としだ。

現役の選手を引退してすでに20余年、ウエスト廻りもすっかりと肥えてしまい、当時の黒帯はもはや絞められなくなったが、それでも腕にはいささか覚えがある。万が一のときには、自分の身を守る術は得ているつもりだった。もちろん、こちらから手を出すつもりなど毛頭ないのだが。

「お前が勝手に違う場所に連れて行ったんだ！　１００ルピーって言ったのはお前だ！　お前…、言ったよな…。だから、１００ルピーしか払わない！」

そう強く言って無理やり男の胸元に１００ルピー札を押しつけた。なおも押し問答となったが、どうにか諦めたらしく男はなにやら悪態をついて走り去って行った。

１スリランカ・ルピーが日本円でおよそ1・1円だからその差額、つまり半分の金額である１００スリランカ・ルピーはわずか１１０円だ。だが、私にとってそんなことはもはや問題ではなかった。日本人は金を持っているから、金額をふっかけても言い値を払う、そんな考えがまだあるのだ。男が、最初に私に中国人か、と話かけて日本人であることを確かめたのも、おそらくはそのためであろう。

ここで、私が素直に２００ルピーを支払ってしまっては、また別の日本人が同じ目に合うかもしれない。男の言い値を拒むことが、あたかも自分の義務であるかのように思えた。

スリランカでの最後の日だというのにとても厭な思いをしてしまった。

しかし、考えてみれば、オートリクシャーの運転手にとってリクシャーに乗り慣れていない私のような旅行者は格好の獲物である。彼らリクシャーマンは、客を乗せてなんぼ、日銭を稼がなければそれこそ死活問題なのだ。客を求めて街なかをリクシャーで流し、ターゲットを見つけては言葉巧みに誘い、とにかく乗せてしまう。料金は相手をみながら、少しでも多く取ろうと乗車前は金額をふっかけ、さらに降車時には最初とは違う金額を言い出す者も多いと聞く。コロンボのような都市部では同業者がたくさんいるから、客の取り合いにもなる。彼らは、彼らなりに毎日をそうして必死に凌ぐことで生活しているのだ。

私は気を取り直して目的のリバティ・プラザへと入っていった。ここリバティ・プラザにもいろんなお店があった。本屋もある。紅茶の本はあるかと書店員に訊いてみると少しだけあるというので、さっそく見せてもらうが、目ぼしいものはない。お目当ての本も見つからないので、仕方がなく他の店を覗いてみることにした。

すぐに紅茶を売っているお店を見つけたので入ってみると紅茶の本もある。だが、本の中身はやたらと写真が多くビジュアル的で、私が欲しいような資料的な書籍といった感じではない。そこで、8種類のミニ紅茶がセットになった定番のお土産品を購入することにした。他の店も見て廻ったが、他に買いたい物もないので、少し時間は早いが私は先生たちとの待ち合わせ場所であるヒルトン・

コロンボホテルに向かうことにした。

店を出ると、通りにオートリクシャーが停車していた。襟付きシャツに長ズボン姿のかなりほっそりとした男である。乗らないかと話かけてくる。が、その物静かな語り口といい、商売気のなさを感じさせるところが、むしろ私の警戒心を煽った。正直なところ、厭な予感がした。だが、とてもここからヒルトン・コロンボホテルまで歩いて行くだけの自信はなかった。

「ヒルトン・コロンボホテルまで行きたいが、いくらか?」

「200ルピー」

「150ルピーではどうか?」

「150ルピーでいい」

あるいは、ここからヒルトン・コロンボホテルまでは、距離からして200ルピーが相場なのかもしれない。が、料金交渉のすえ、あっさりと値切ることに成功した。

今度はどうだろうと、後部座席に座り背後から運転している男のようすを注意深く窺う。すると、この男、走行中に一言もしゃべらない。ただ黙々と運転する。しかもとても安全運転だ。

風を切って軽快にコロンボ市内を走るオートリクシャーの乗り心地も悪くなかった。少しすると目的地のヒルトン・コロンボホテルに到着した。私が財布から100ルピー札を2枚取り出すと男はお釣りを用意しようとした。

「いや、いいんだ。200ルピー払うよ」

男は、どうして２００ルピーなのかという怪訝そうな顔つきをしている。

「あなたはとても安全運転で、しかも紳士だ。だから２００ルピーだ」

言葉はなかったが、ニッコリと微笑んだ男の顔を見るとこちらも嬉しくなった。だが、あとで考えてみると、こういったところが自分の甘さなのかもしれない、といささか反省してみたりする。

ヒルトン・コロンボホテルに入るが、待ち合わせまでは、まだかなりの時間があるので先生たちの姿はどこにもない。コロンボでの本屋めぐりが思うようにいかなかった私は、さてどうしたものか、と少々途方に暮れた。

ホテルのロビーを見廻すと、左手側にこじんまりとしたお店があり、なかを覗いてみると幾つもの紅茶缶やグッズがならんでいるのが眼に入った。すぐさま興味をそそられ、さっそく店のなかに入ろうとするのだがドアは開かず、よく見ると店内の電灯は消えており、店員さんらしき人もいない。こんなときにほんとうに間が悪いというか、どうやら店員さんの休憩時間にあたってしまったようだ。

【図表57 ヌワラエリア紅茶】

そこで、フロントロビーの奥にあるラウンジで紅茶を飲んで時間を潰すことにした。ドリンクメ

ニューを見ると紅茶は何種類かあったが、私は迷わずヌワラエリアを所望した。

ほどなくして、ピカピカに輝くステンレス製のティーポットにミルクピッチャー、金の縁取りのある真っ白なティーカップがはこばれてきた。ティーカップのソーサー（受け皿）にはチョコチップのビスケットが添えられた（図表57）。

ビニールで個包装されたそのビスケットをよく見ると、ふだん自宅で食べているものとまったく同じではないかと思える包装デザインで、なかにはこれもよく見慣れた焼き具合のチョコチップビスケットが、やはり同じように二枚入っている。

まさか、そんなはずはと思いながらも、ひと口かじってみる。すると、まったく食べ慣れた食感と味に、もはや疑いの余地はなくなった。ここスリランカで日本の菓子メーカーのビスケットを口にすることになろうとは、なんとも不思議な感じである。

そして、紅茶である。ミルクもサーブされたが、ここはミルクは入れずにブラックで口に含む。ヌワラエリア紅茶に特有のややグリニッシュな芳香とその刺激的な快い渋味を存分に堪能したいからだ。期待を裏切らない香味である。チョコチップビスケットをひと口、ふた口とかじりながら、お気に入りのヌワラエリア紅茶で流し込む。

テーラーズ・シートからルーラコンデラ茶園を望む絶景、碧いパノラマに思いを馳せながら二杯目の紅茶を喫すると、ふと先ほどのオートリクシャーの二人の男たちのことを思い返した。

思わず口もとがほころんでいた

第5章　遠いアッサム

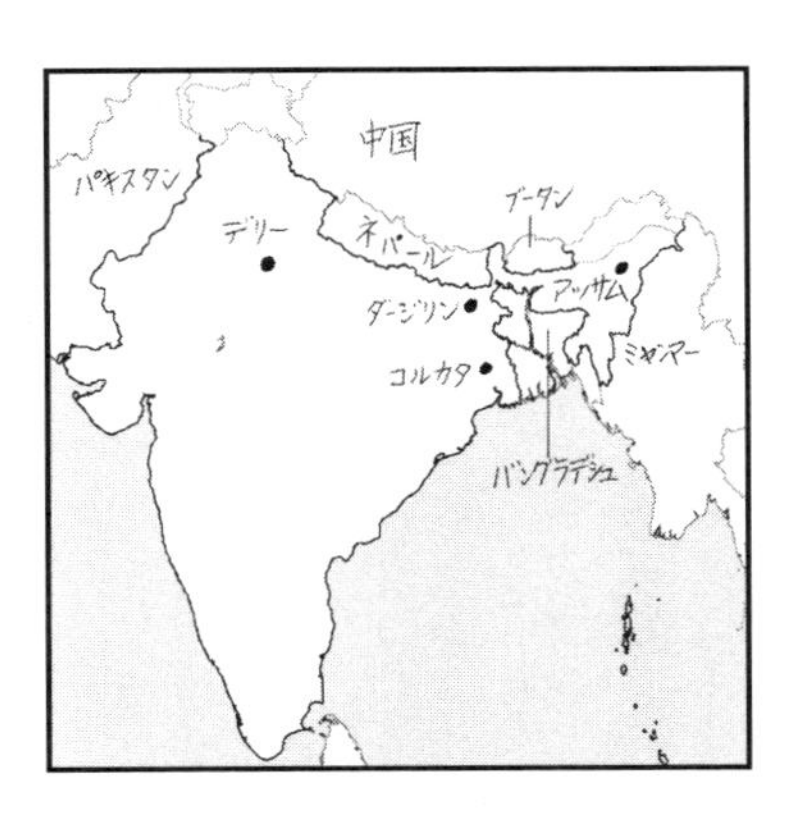

1　紅茶の旅の忘れ物

朝、9時半にホテルをチェックアウトしてニューデリー近郊にある、とあるバザールを訪れた。ここは、おもにロウ・クラスといわれる庶民が通うバザールだという。バザールには、野菜にフルーツ、カリー、お菓子、布地や雑貨など、じつにたくさんの店がたちならび、日常の買い物や食事をする人びとで活気にあふれていた。それは、まるで町の心臓部、庶民のエネルギーが脈打っているかのようであった。バザールはその街の匂いを吸い込めると誰かが言っていたが、バザール散策にはそんな楽しみ方もあるのだ。

バザールの通りでは、7、8歳くらいの四人の男の子たちが荷車の上に座り込んでビー玉遊びに夢中になっている。今日は日曜日で学校が休みだから、朝から友達と遊んでいたのだろう。私もそうだったが、昭和40年代前半くらいまでは、日本でもビー玉や面子遊びをしている子どもたちがいたが、そんな昭和の日々が無性に懐かしく想い起こされる。男の子たちの楽しげに遊んでいるようすを見ていると、セピア色の記憶が蘇ってくる。

だが、当今の〝携帯、ゲーム機世代〟の日本の子どもたちからは、「ビー玉や面子遊びのいったいどこが面白いのか」という感想が聞こえてきそうである。

インド亜大陸は北東部に位置するアッサム州（現在はアソム州に改められたが、ここでは馴染みのあるアッサム州とする）では、少数民族であるボド族によるアッサム州からの分離独立運動が活発化しているという。その運動は、次第に過激さを増し、破壊活動や殺人とテロ化し、ナマス国立公園とその周辺森林地帯を拠点にアッサム州西部でのテロ活動を行っている。

またアッサム州のインドからの独立を目指すアッサム解放統一戦線なる過激派が、軍や治安部隊との銃撃戦や州内の各地で爆弾テロ事件を起こしている。こうした過激派テロ活動が、アッサムへの訪問を困難なものとしているのである。

１８２３年にアッサム種が発見され、その後イギリスによる茶園開発が進むと、それまでの荒野やジャングルも次々と開発されていった。これにより現地では土地を追われる人びとも出てきた。また開発もアッサムの人びとの手によるものではなく、外部からの労働力に依存し、しかも開発された茶園の富がアッサムの外へと流れていく構造ができあがり、アッサムでの民族紛争の遠因ともなった。

インドが、１９４７年にイギリスから独立すると、アッサムもインド共和国の一つの州となる。しかし、その後のインド本土からの移民の増大やベンガルからの大量の難民が流入すると、民族間に摩擦が生ずるようになった。人口比の逆転と少数民族化への危機感を抱いたアッサムの人びとは、他州からの移民を次第に排斥するようになる。その背景には、石油や茶といった産業の富がアッサムを素通りして外部へ流出していくことへの不満もあったのである。

こうした情勢から今回はアッサムに行くことはできないが、それはそれでまたよいのではないか。

私の紅茶の旅に一つや二つ、忘れ物のようなものがあってもよいのではないか、と私は次第に思うようになった。もしかしたら、アッサムには一生涯行くことがないかもしれない、でもいつかは行ってみたい、と思いつつ生きていくのも悪くはない。

すべてが思いのとおりにはいかないところが、また人生の面白いところでもある。何度も挑戦した司法書士試験の甘酸っぱい青春の挫折がなかったならば、このように紅茶に興味を抱かず、先生と出逢うこともなく、こうして紅茶の旅をすることもなかったのだから…。

2　ニューデリーのチャイ屋

バザールを後にし、ニューデリーの街なかを歩いていると一軒のチャイ屋があった。テーブル上にガスコンロを置いて、アルミ製の鍋を手に立ったままチャイをつくるスタイルである。

このお店のチャイのつくり方は、まず手鍋に水を量って入れ、フレッシュ・ジンジャーを適量入れる。それからカルダモン、ドライ・ジンジャー、クローブ、ブラックペッパーと茶葉を入れる。茶葉はよく見ると丸い粒状である。アッサムのＣＴＣ茶葉（ＣＴＣとは、CRUSH・TEAR・CURLの頭文字。茶葉をつぶして、引き裂いて、丸める製法によるもの）だ。鍋が少し煮立ってきたら今度は砂糖をこれも適量加え、最後に沸かせておいたミルクを入れる。鍋の縁がこんもりと泡立ってきたら火を止め、大きめの茶漉しでこぼれないようにやかんに移し入れる。やかんからチャイ専用の器である素焼きのクリに注いでできあがり。

２年前に訪れたコルカタのチャイ屋でもクリが使われていたが、ここニューデリーでもクリはまだ使われているようだ。じつは、首都ニューデリーではクリではなく、グラスやプラスチック製のコップが使われているのではないか、と内心危惧していたのだ。このお店のクリはコルカタのチャイ屋で使われていたものより、二回り以上も大きいうえに倍くらい厚手のものである。

ここではコルカタのように、とても大きいマグカップを高い位置に上げ、これから茶液を別の空のマグカップに注ぎ移し、さらに元のマグカップに注ぎ移すというつくり方はしていなかった。だが、そこは広大なインドのこと、同じチャイといってもところ変われば、そのつくり方もいささか異なるということなのであろう。

味のほうはどうかと、ひと口すすってみる。やさしい甘味のなかにもスパイスがほどよく利いており、飲んだあと口もスーッとしていて、そのさっぱり感がとても飲みやすい。

昼食をとるため街なかのレストランまで、のんびりと歩いて行く。途中、自動車やバスが行き交う道路の中央分離帯にまるでそこの主であるかのようにたたずむ一頭の牛を見かけた。日本ではまずありえない光景である。インドでは牛はシヴァ神の乗り物、聖なる動物と聞く。シヴァ神は、破壊の神だという。しかし破壊がなければ、また創造も起こり得ないことを考えれば、そのような神もあってよいのかもしれない。

レストランへの道を歩いていると、私たちに二人の子どもがくっついて来る。年格好からして７、

8歳と11、12歳ではないかと思われる男の子と女の子だ。姉弟なのだろうか。男の子が、首から下げた小さな太鼓をトントンと鳴らす。その音に合わせるようにして女の子が腕立て前転を繰り返しながら前進してくっついて来るのだ。

すると、女の子が曲芸まがいの前転の合間に私たちにお金をくれと手を差し出してくる。子どもの物乞いなのか。そのようすを見ていると、これで幾ばくかのお金が貰えたとしたら、どこぞの露店屋台などでなにかおいしい物でも買い食いする、そんな姉弟の光景が眼に浮かんだりする。

そんな彼らをガイドのラヴィさんが迷惑そうに手をしきりに払いながら、強い口調の現地語で追い払おうとする。それでも彼らはついて来る。ラヴィさんによれば、こうした物乞いをする者が必ずしも皆本当の物乞いとは限らないのだという。外国人旅行者と見れば近づき、お金を要求することで小遣い稼ぎをする者もいるのだそうだ。

彼らが本当にその日の生活にさえ困っている物乞いだったのか、私にはその真偽のほどはわからない。私たちが、道を曲がってレストランのなかに入って行こうとすると、諦めたのか彼らもどこへともなく消えていった。

3　オールドデリーのチャイ屋めぐり

午後、オールドデリーのマーケット街でチャイ屋めぐりをする。マーケット街を歩いていると、

【図表 58 店舗のチャイ屋】

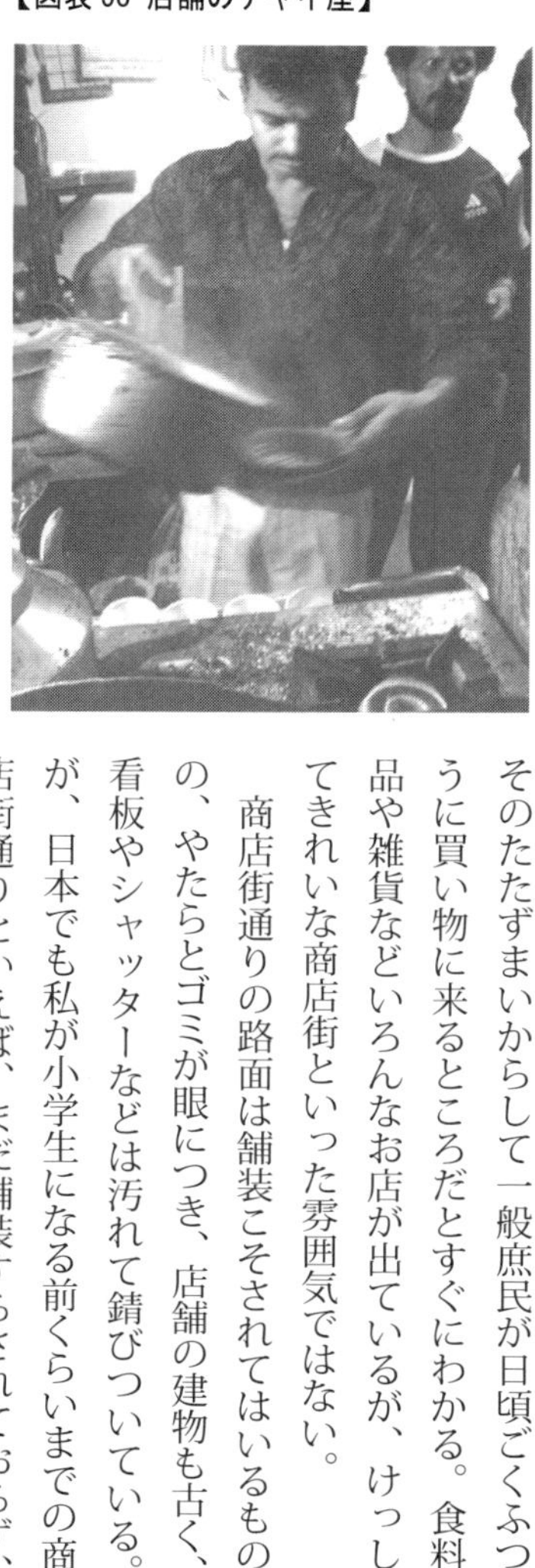

【図表 59 露店のチャイ屋】

そのたたずまいからして一般庶民が日頃ごくふつうに買い物に来るところだとすぐにわかる。食料品や雑貨などいろんなお店が出ているが、けっしてきれいな商店街といった雰囲気ではない。

　商店街通りの路面は舗装こそされてはいるものの、やたらとゴミが眼につき、店舗の建物も古く、看板やシャッターなどは汚れて錆びついている。が、日本でも私が小学生になる前くらいまでの商店街通りといえば、まだ舗装すらされておらず、風が吹けば砂煙がたち雨が降れば泥田となり、多かれ少なかれこんなものだったことを想い出す。

　マーケット街を人がたくさんいそうなところを目指してひたすら歩く。歩く。人の集まるところにチャイ屋ありだからである。路地に惹かれて歩いて行くと袋小路を入ったその奥に一軒のチャイ屋があった。

　店舗形式のこのチャイ屋は、店の前面にガスコンロをならべてチャイをつくるスタイルである。辺りもほの暗くなりだしたなか、チャイ屋のお兄さんがチャイをつくりはじめた。アルミにこびり付いた焦げ目からして、かなり使い込んだとわかる手鍋に手早く茶葉やスパイスを入れていく（図表58）。

この店では薄手のプラスチック製のコップでチャイを飲む。薄手のコップからはできたて熱々のチャイの熱が手に伝わり、とても素手では持っていられない。その熱さに我慢できず、思わずコップをハンカチで包んで持つ。フーフーしながら唇の先でひと口すすってみる。スパイスの風味がとても利いており、甘味も強い。いかにもチャイらしいといった風味である。

しばらく歩くとまたチャイ屋を見つけた。こちらは通りの隅で道具類一式を台座の上にならべた露店スタイルである。恰幅のよいこの店のオヤジさんは、いかにもチャイ屋のオヤジさんといった風貌だ。ここでも先ほどの店と同じく、できたチャイを手鍋からコップに直接注ぐというやり方である（図表59）。

ニューデリー、そしてオールドデリーでも、コルカタのようにとても大きいマグカップから別のマグカップに上下に繰り返し注ぎ移して、チャイをつくる入れ方は見ることはできなかった。

4　イギリス帝国紅茶のはじまり

朝早くにホテルをチェックアウトし、インド北東部のダージリンを目指す。ダージリンに向かうこの日からは、インド紅茶の旅の企画段階からいつもお世話になっているカマルさんが同行してくれる。デリーからバグドグラの空港まで飛び、空港からダージリンへはバスで向かった。翌日はダージリン茶のジュンパナ茶園を目指してチャーターしたジープに乗り込み出発する。

イギリスによるインド統治時代、東インド会社はインドの主要都市に滞在する職員のための保養地開発を行っていた。カルカッタ在住職員の保養地として、当時北ベンガルのマルダ地区の知事だったJ・W・グラントが推薦したのがドルジンの地だった。このドルジンこそが、現在のダージリンである。

ダージリンは1日の気温差が大きく、朝晩ともなると肌寒ささえ感じるほどで、イギリス植民地時代から避暑地として最適の地であったのだろう。東京近郊でいうならば、さしずめ長野の軽井沢、栃木の奥日光といったところであろうか。

一説によると、ダージリンの中心地からやや北のオブザーヴァトリー・ヒルはダジュ・リャン（神のいます地）と呼ばれていたので、ダージリンという地名が起こったのだという。また別の説では、シッキム王国版図の1765年に建立した寺からドルジェ（金剛鈷）が発見されたからとも、僧の名がドルジェ・リンジンだったからとも伝えられている。

インドは世界最大の紅茶生産国として知られ、その生産量は世界の紅茶生産の半分以上を占めるほどになっている。かつては、紅茶の生産地は中国だけに限られ、紅茶の輸入を中国に依存するイギリスは植民地インドでの紅茶栽培に力を尽くしていた。

1823年、イギリスのロバート・ブルース少佐（?〜1825）によりインド北東部アッサムの奥地で自生のチャ樹（アッサム種）が発見（情報を得た）される。当時、ビルマの支配下にあったアッサム地方での交易開拓を目的にイギリス東インド会社の許可を得て現地に入ったロバート・ブルースは、上アッサムの中心地ガルガオンでジュンポー族の首長ビーサ・ガムと接触し、自生の茶樹の存在を知る。第一次英緬戦争が勃発する前年のことである。

ロバート・ブルースはその2年後に亡くなるが、1837年に弟のチャールズ・アレキサンダー・ブルース（1793〜1871）がアッサム種で紅茶の生産に成功する。ここからインド紅茶の歴史がはじまることとなる。

アッサム種の発見については、これが植物学上の大発見であったにもかかわらず、当時はそれほど注目を浴びることはなかった。カルカッタ植物園長のナザニエル・ウォーリッチ博士をはじめ、イギリスの植物学者たちに茶樹であるとは認められなかったのである。

事実、アッサム種は樹木や葉の大きさ、形状が著しく中国種のそれらとは異なっていた。中国種の樹形は灌木（低木）で、葉は小さく、葉先は丸くて葉肉は薄く固い。一方のアッサム種は喬木（高木）で、葉は大きく、葉先は細長く尖っていて葉肉は厚く柔軟、と中国種とは似ても似つかないのである。一度は否定したウォーリッチ博士であったが、その後茶樹に間違いないことを、ようやく確認したという経緯がある。

アッサム種発見の一方で、当時中国種にこだわり続けたイギリスは、その苗をインドの各地に植えていった。だが、それらの苗はどこも育たず唯一ヒマラヤ山岳地帯のダージリン地方でのみＡ・カンベル博士によって栽培に成功する。

これがダージリン茶のはじまり、１８４１年のことである。

１８５０年代には次々とダージリンの地に中国種が植えられていった。ダージリンは、もともとは中国種を栽培するために開発されたところだったのである。現在では、ダージリンの多くの茶園でアッサム交配種や中国交配種の茶樹が栽培されている。

ダージリン地方の日中の強い直射日光と夜間の厳しい冷え込みの寒暖差が生み出す霧が茶葉にかかり、朝露が招く陽光を浴びて、ダージリン茶には特有の香気がもたらされるといわれている。

なお、ときを前後して、１８３９年にインドのカルカッタ植物園からセイロンのペラデニア植物園にアッサム種の苗木が送られる。その栽培試行のすえ、１８６７年にジェームス・テーラーによってセイロンで紅茶栽培に成功する。

これら、イギリスによるインドのアッサム、ダージリン、そしてセイロンでの紅茶栽培成功の年表を頭のなかで辿っていくと、私としてはどうしても一つの重大事件が気になってしょうがない。１８４０年に勃発したアヘン戦争である。

英中アヘン貿易問題の行きづまりによる中国紅茶の安定的供給への不安が、インドやセイロンでの紅茶栽培を後押ししたのではないかと（図表60）。

【図表60　紅茶とアヘン戦争（略年表）】

1823	●ロバート・ブルース少佐がインドでアッサム種を発見（情報を得た）
1837	●C・A・ブルースがアッサム種による紅茶の生産に成功
1839	●アッサム・カンパニー設立…インドでの紅茶栽培への期待→英中アヘン貿易問題の行きづまり・対中国貿易による紅茶の安定的供給への不安
〃	●セイロンでアッサム種栽培の試行がはじまる。
1840	●アヘン戦争勃発
1841	●A・カンベル博士がインドのダージリンで中国種による紅茶の生産に成功
1842	●アヘン戦争終結・南京条約締結…中国の五港開港・完全貿易自由化
1867	●ジェームス・テーラーがセイロンでアッサム種による紅茶栽培に成功

アヘン戦争は、中国近代化の起点あるいは東アジア近代史の幕開けとして位置づける見方もある。茶の世界史においては、イギリスを中心とした欧米列強諸国主導による茶の自由貿易体制への転換点となった重大事件であった。だが、この頃イギリスでは紅茶が国民的飲料として普及・定着するにつれ、中国からの輸入のみでは国内需要を十分に満たすことが困難となっていた。

本物志向のイギリス人からすれば、アッサム種は本物の紅茶じゃない、中国の紅茶こそが本当の紅茶だと頑なにこだわり続けていた。だが、紅茶輸入量のますますの増加はインド、セイロンにそのおもな供給源の転換を図ることとなる。

こうして紅茶の生産分布の世界地図は、中国紅茶からインド、セイロンといったイギリス帝国紅茶へと大きく塗り替えられていくこととなるのである。

ところで、アジアの茶園開拓者たちはどういうわけか、皆スコットランドから出てきた人たちなのである。ブルース兄弟やジェームス・テーラーにしてもそうだし、トーマス・リプトンもスコットランド出身である。イングランド人ではないのだ。

スコットランド気質とでもいうのか、彼らのインドやセイロンでの紅茶に対する熱い情熱を見ていくとパイオニア精神というか、なにか冒険心のようなもの、そんな匂いがするのである。

5　軟水と硬水

この日、ジュンパナ茶園ではオーナーのシャンティーヌさんが不在ということで、工場長のムドュガルさんが私たちを出迎えてくれた。先生とも2年ぶりの再会ということで、抱き合って喜ぶムドュガルさんの横顔は本当に嬉しそうである。

ジュンパナ茶園は、１８８７年より１００年以上の歴史を持つインドでもっとも古くからある茶園の一つであるが、ダージリンを代表する名門茶園でもある。茶園の名であるジュンパナの由来については、こんな話がある。その昔勇敢な若者ジュン・バハドールがジャングルで人喰い虎を倒したが、彼もまた傷を負い死に至る。彼の最期の言葉は「パニ（水）をくれ」だった。勇敢な彼の名と最期の言葉を採り、その場所はジュンパナと呼ばれるようになったというのである。

まずは、紅茶工場から見せてもらう。2年前と同じようにシューズカバーにヘアキャップ、ビニール手袋、マスクを身に着けてなかに入る。工場の二階にある萎凋室から見て行く。秋摘みのシーズンであるため、工場ではオータムナルが製茶されている。じつに、2回目ともなると落ち着いて見ることができる。萎凋、それから一階に降りて揉捻、酸化発酵、乾燥、等級区分、そして選別というように製造工程の順を追って見ていく。落ち着いて見ることができる分、写真撮影にも自ずと余裕が出てくる。

工場視察の後は、ジュンパナ茶園の特製ランチをいただく。工場前にテーブルと椅子が用意され、座っているとスタッフが料理を直接サーブしてくれる。受け入れる側もだんだんと慣れてきたということだろう。メニューはカリー、餃子風の揚げ物サモサに肉や野菜、ナンなど盛りだくさんである。標高が高いということもあろうが、空気の澄んだところでいただく特製ランチは本当においしい。

すっかりお腹も満たしたところで、次は茶園である。茶摘みさんのいるところを目指してさらに山の斜面を登って行く。一面見渡すかぎり延々と続く茶畑の中に茶摘みさんの姿を探していると、なぜだか今日はやたらと男性の姿が目につく。ジュンパナ茶園では220人ほどの茶摘みさんがいるが、じつはその半数は男性なのだという。茶摘みさんといえば女性というイメージがあったので、

【図表61 茶摘みをする男性】

【図表62 女性の茶摘みさん】

正直なところ意外であった。が、なるほど、茶畑のなかでも急な崖や勾配のきつい場所では男性が茶摘みをするのだそうだ（図表61）。

茶摘み風景を写真に収めるとなると、やはり男性では絵にならない。ということで女性の茶摘みさんたちに私たちの近くまで降りて来てもらうことになった。私は、２年前に竹かごの茶葉を落としてしまった苦い経験がトラウマになったわけではないが、自分には茶摘みの才能はないと思っているので、もっぱら茶摘み風景の撮影に徹することにした（図表62）。

工場前にあるテイスティングルームで、できてのダージリン茶を試飲させてもらう。すると、カマルさんが鞄から一本のペットボトルを取り出した。日本のミネラルウォーターを持って来たというのだ。日本の水とインドの水でそれぞれ紅茶を入れ、それらの水質の違いがどうでるかを試してみるというのである。日本の水で入れたダージリン茶の水色は淡いオレンジ色、現地の水で入れた方はやや赤みがかったきれいなオレンジ色になった。

「日本の水だと紅茶の香りが少なくなってしまうようだ」

テイスティングしたムドゥガルさんが眉をひそめて呟いた。

日本の水は軟水なので紅茶の水色は淡く薄い色となるが、茶葉の成分は抽出されやすくなるのでその分渋味が出やすい。これに対し、インドの水は硬水だから水色は濃くなるが、渋味は抑えられるのだ。

私は日本の水でも十分においしいと思うのだが、インド人、それも紅茶の専門家からすれば現地の水のほうが紅茶の良さをより引き出すというのだ。私は、紅茶の独特の渋味がこの上なく好きで、日頃からかなり渋い紅茶を入れて飲んでいる。負け惜しみではないが、私には日本の軟水で入れた紅茶があっているのだと、自分に言い聞かせた。

私は、ここジュンパナ茶園でも検証を試みようと方位磁石を持参していた。テイスティングルームの部屋は北向きなのだろうか。窓際に方位磁石を置いてみた。するとテイスティングルームの窓は南向きであった。スリランカはヌワラエリア紅茶のペドロ茶園では西向き、ここジュンパナ茶園では南向きである。

やはりテイスティングで重視すべきは当然のことながら紅茶の香味であり、水色そのものをより正確に見るということは二の次ということなのだろう。紅茶の水色を正確に見るためにはテイスティングルームは太陽光線の移動の少ない北向きが理想かもしれないが、じっさいの現場ではこだわっていないということをあらためて感じさせられた。

6　おばちゃんのバター茶

ホテルで朝食をすませ、ダージリンの街なかへと繰りだす。これからダージリン・ヒマラヤ鉄道、愛称トイ・トレインに乗車するのだ。ホテルがダージリンの中心街にあるので、トイ・トレインの終着駅ダージリンまでは歩いていく。終着駅であるダージリンから一駅前のグームまでを乗車する。

【図表63 レール幅を計測】

ダージリン駅は、多くの人たちでにぎわっていた。その多くはインド人のようである。成人男性の肩幅ほどしかないトイ・トレインのレール幅は一般的にいわれているところによれば、２フィート、約61センチだという。レールの幅は正しくは軌間といい、鉄道線路のレール間隔を表す数値、ゲージともいうのだそうだ。この軌間、具体的には左右のレール頭部の内側どうしの最短距離で計測する。

まだ列車は入線して来そうにないのでまわりを確認し、注意しながら線路内に降り、トイ・トレインの軌間を測ってみることにした。計測用にメジャーを持参していたのだ。さっそく測ってみる。すると、どうしたことか、メジャーの目盛りは63・7センチだった（図表63）。

トイ・トレインのレール幅は2フィート、1フィートが12インチ、1インチが2・54センチなので、60・96センチとなり、およそ61センチということになるはずである。しかし、じっさいに測ってみると63センチと少しあるではないか。気温などが影響してレールが膨張しているのだろうか。そんなはずはないと思いながらも、私はメジャーの目盛りにじっと見入ってしまった。

そうこうしているうちにトイ・トレインがやって来た。可愛い汽笛とともに走り出したトイ・トレインの車窓からダージリンの街並みを楽しむ。

【図表64 難民センターのおばちゃん】

平均時速20キロと自転車よりも遅いと思われるトイ・トレインは、40分ほどでグーム駅に到着した。

グーム駅で待機していたジープに乗り込み、チベット難民自助センターへ向かう。ここは前回も訪れた場所だが、センターの職員によると私たちのお目当てであるバター茶の試飲をするには事前の予約が必要だという。今回は、その予約がされていないとのことで、どうやら現地コーディネートの不手際のようだ。先生もなんとかならないものかと考えあぐねている。

するとセンターに住んでいるおばちゃんが先生のことを憶えているという。彼女も難民の一人である。おばちゃんと交渉した結果、今日はおばちゃんが個人的にバター茶をつくってくれるという。おばちゃんが自分の部屋に来いというので、お言葉に甘えてお邪魔させてもらうことにした（図表64）。

【図表65 バター茶を入れるようす】

台所に入れてもらうとガスコンロの上に大きな鍋を据え、沸かしたお湯のなかにばらした黒茶を煮出していく。ここから先は、本来トンモーという竹製の細長い筒のなかに発酵バターとミルク、煮出した黒茶に塩を加え、ピストン棒で上下に攪拌させる。だが、今日は大鍋にこれらを入れてつくる。私たちの前で見せてくれたトンモーは使われなかった。おばちゃんができあがったバター茶をやかんに入れ、ティーカップに注いでくれた（図表65）。

いよいよ2年ぶりにバター茶を味わう。まずは、そっと鼻を近づけて香りを嗅いでみる。すると、バターの強い臭いがしない。ひと口含んでみると、ほのかにバターの甘味があるが、飲んだあと口もあっさりとした風味である。口当たりがおだやかで、飲んでいて嫌という感じがしない。

２年前は、そっと鼻を近づけてみただけでバターの臭いが強く、甘さと酸っぱさに塩辛さのような、なんとも言えない香りが漂っていたのだ。日本人にはややしつこく感じる風味で、とても私たちの口に合うものではなく、お世辞にもおいしいとは言えなかったのである。

今日のバター茶は、前回とはつくり方が違うからなのか。たまたま材料の分量によるものなのか。いい意味で適当ということなのだろう。おばちゃんの人柄が、そのままバター茶にでたのだと思った。とてもやさしい味がした。

7 ファースト・フラッシュ攻勢

チベット難民自助センターのおばちゃんに別れを告げ、ホテルで昼食をとった後、ダージリンの中心街まではぶらぶらと歩いて行く。ダージリンの街は西向きの中腹にひろがり、道路はクモの巣状に入り組んでいて急勾配の階段が多く見られる。私は、まず本屋へ直行することにした。本屋はダージリンでは品揃え一番といわれるチョウラスタ広場前にあるオックスフォード・ブック＆ステーショナリーである。もちろん紅茶関連の本を探すのが目的だ。

まずは、本屋のショーウインドを覗いてみる。すると、紅茶本の他にもティーポットやティーカップまでもが、なんとも可愛らしくディスプレイされている。これは、かなり期待が持てる。さっそく、店内に入り紅茶に関する本はないかと見せてもらう。すると書店員が次から次へと紅茶に関する本をこれでもかというくらいに出してくる。レジカウンターには十数冊がならべられた。これはいけると思い、ダージリン・ヒマラヤ鉄道、トイ・トレインに関する本もないかと訊くと、これも数冊を出してくれた。さすがはダージリンの本屋さん、どれを買おうかと迷ってしまう。一冊ずつ見ていき品定めをする。

どれも英語で書かれたものばかりなので、英語の苦手な私には詳しい内容まではわからない。だが、そこは東京は神田神保町の古書店街で培った長年の経験とカンのようなもので選んでいく。ダージリン茶に関する本など紅茶の本を三冊、それにトイ・トレイン関連の本を二冊買いもとめた。本代は五冊で３１６０ルピー、約７９００円だった。

本の重さに耐えながら、次に紅茶葉の専門店に入る。ダージリンの茶葉をいろいろと見せてもらう。が、スタッフはさかんにファースト・フラッシュ（春摘み茶）は、どうかと勧めてくる。

私の個人的意見を言わせてもらえるならば、紅茶の味わいはなんといってもその「滋味」にある。その意味でも、ダージリンは夏摘みのセカンド・フラッシュが一番おいしいと思っている。すなわち、成熟した果実のような香りに快い渋味とうま味、コクの絶妙なバランスと飲んだあと口の爽快さが、なんとも言えず心地よいのである。もちろん、ミルクは入れずにブラックティーで飲みたい。

春摘みのファースト・フラッシュは、やはり渋味に欠ける。香りもどことなく草いきれが残り、その軽やかな香味がシャンパンのようでいいという人もいるが、若摘みの感がある。そして秋摘み、オータムナルであるが、セカンドよりもやや渋味が強い感じで、紅茶そのものの香味を味わうよりも、むしろこれはミルクティーで飲みたい紅茶である。

スタッフが、小さいお猪口のようなグラスに入れたファースト・フラッシュを勧めるので、そのいくつかを試飲させてもらう。同じファースト・フラッシュでも微妙に香り、渋味が異なる。あまりにお店のスタッフが熱心にファーストを勧めてくるので、せっかくダージリンまでやって来たことだし、セカンドは他の店で買いもとめることにして、ここは試飲させてもらったなかから気に入ったファースト・フラッシュを買うことにした。

次に向かったのは、喫茶店風のお店。キャッスルトン紅茶の黒缶を買う。250グラム缶が200ルピー、約500円は格安である。日本に輸入された同じ物なら7000円前後はするものだ。勘定を払おうと財布からルピー札を取り出して、カウンターの上に一枚、二枚、そして三枚とならべていく。

「そんな、出し方をするもんじゃない!」

驚いて、日本語の声のする左側に振り向くと、そこにはカマルさんが立っていた。

「お金をそんなふうに出したらダメだ!」

お金の出し方が悪い、とカマルさんに叱られてしまった。お金を手から離すことは、あるいはインドではかなり危険なことなのかもしれない。それは、たしかにカマルさんの言うとおりである。しかし、いったいなにを思ったのか。私は値段よりもはるかに多い金額の紙幣をカウンターの上にならべていた。500ルピー札をカウンターに四枚ならべようとしていたのだ。一缶が200ルピーなので、おそらくは500ルピー札を50ルピーと勘違いしたのかもしれない。それが四枚で200

【図表66 ファースト・フラッシュを勧める店員】

と。あまりに安いので、頭のなかではわかっていてもこんなことをしたのだ。

お店の人も、私が1500ルピーをならべ、まだ出そうとしていたのだから、この人はなんだろうと思ったかもしれない。カウンターに出しすぎたルピー札を慌てて財布にしまいながら、気がつくとカマルさんに謝っていた。

さらに次のお店ではサングマ茶園のセカンド・フラッシュを350ルピー、約875円で購入する。ここでも、店員はまずファースト・フラッシュを出して見せ、ナンバーワンだとしきりに勧めてきた（図表66）。

なぜ、そんなにファーストを執拗なまでに勧めてくるのか。「ファースト」というネーミングが生み出す一種の高級感のようなものなのだろうか。それとも、今は季節としては秋摘みだし、もうすでに夏摘みが出回っていることだから、春摘みは早く売ってしまいたいということなのか、と少し勘繰ってみたりする。

最後に立ち寄ったところは日本でも有名どころの茶園の紅茶が揃っているが、値段も他と比べてやや高めである。ここでは店のドアを開けて入るなり、ダージリンのセカンドはあるかと訊いた。

リシーハット茶園のセカンド・フラッシュが４００ルピー、約１０００円だった。

8　アッサム、グワハティの空港で

翌朝、早くにホテルを出発し、デリーにもどるべく一路バグドグラの空港へと向かう。空港に到着すると、フライト時刻が12時15分から13時10分に変更されていた。海外ではよくあることである。こういったことも予定のうちと思い、素直に割り切ることにする。

アッサム行きを断念したインド紅茶の旅ではあったが、この日私は、たしかにアッサムにいた。というのも、バグドグラからデリーへ向かう帰りの便は、アッサム州のグワハティ空港を経由するのだという。アッサムの地に飛行機に乗ったままではあるが、降り立つことができることに私はひどく嬉しさをおぼえた。

アッサム、グワハティの空港に寄航した飛行機の座席から窓外に眼をやると、ほんの少しではあるが滑走路の一部が見える。だが他にはなにもない。ただ、滑走路の付近に生い茂る草木が、あたかも茶の樹を連想させたのか、私の気を惹いた。

周囲のようすを窺いながら、私はそっと窓の外にカメラのレンズを向けた。なんとはないその草木をアッサムの茶の樹に見立て、いつの日か、きっとアッサムの地をこの足で踏むのだと固く心に誓いながら静かにシャッターを切った。

後にわかったことだが、じつは飛行機が寄航していた、まさにそのときである。銃を持った兵士らしき数人の男たちが機内のようすを偵察に来ていたのだという。おそらくはテロを警戒してのことだろう。外国では、特に空港で飛行機や建物などをむやみやたらと撮影することは、危険このうえない行為であるといわれる。私としても、そのことは十分に承知していたはずなのだが…。アッサムにいるという思いが、それをかき消していた。

もし、兵士らにカメラでの撮影が見つかっていたとしたならば、カメラを取り上げられていたかもしれない。いや、それだけで事が済むはずがない。不審人物として飛行機から強制的に引きずり降ろされ、逮捕・連行されていたかもしれないのだ。連行されていれば、どんな目に合っていたかもわからない。たまたま、座席シートの陰になっていてなんとか事無きを得たというところだろう。このときばかりは、反省することしきりである。

9　午後の紅茶

翌日、昼食後にホテルの部屋にもどった私は、さて何をしようかと考えあぐねていたが、とりあえず紅茶でも飲むことにした。そのうち、なにかよい考えが浮かぶかもしれない。部屋の電気ケトルでお湯を沸かし、その傍に備え置かれていたティーバッグで紅茶を入れる。紅茶を飲みながら紫煙をくゆらし、天井を見つめて少しの間ぼんやりとしていた。それからスーツケースの荷物整理やらデジタルカメラの写真の確認などをして時間を潰していた。

しばらくすると部屋の電話が鳴り響いた。誰だろうと受話器を取ると、声の主はオジャ（宮本君）だった。

「釜中さん？　さっきアーユルヴェーダが終わったんで、これからラウンジでアフタヌーンティーをしようかってことになったんですけれど。よかったら釜中さんもいっしょにどうかと思って」

「あ。そうなんだ。じゃ、いっしょにお茶させてもらおうかな」

「じゃ、後ほどロビーで」

助かった。正直もうすることもなく時間を持て余していたのだ。

ホテルでのアーユルヴェーダを堪能し、すっかり癒された素ちゃん（オジャの細君）、スージー（大嵩さん）とその友人の好美ちゃん、オジャと合流し、ホテルのラウンジでアフタヌーンティーと洒落込むことにした。オジャとスージーは、先生との紅茶の旅で知り合い、以来なにかと親しくさせてもらっている。

ラウンジはホテルの一階にあり、天井は吹き抜けになっていてとても開放感がある。アフタヌーンティーの定番スコーンを注文し、各自好きな紅茶をチョイスする。いわゆるクリームティーだ。ストロベリージャム、クロテッドクリームをつけるスコーンに合わせる紅茶は、基本的にミルクティー。インド紅茶なら、たとえばアッサムのミルクティーである。だが、私はあえてダージリンのブラックティーを選んだ。旅のメインがダージリンであったからだ。セオリーからすれば一種の

【図表67 スコーンとダージリン紅茶】

反則技ともいえるのだが…。

上手に焼き上がったスコーンというのは、その側面がオオカミの口が大きく裂けたような形をしている、とよくモノの本にいわれているが、ここのスコーンは妙にきれいに形が整っている。まるで型にでも入れて焼き上げたかのような、ちょうどプリンのような形をしている。

ところで、スコーンにつけるストロベリージャムとクロテッドクリームであるが、どちらを先にぬったらよいのだろうか。一般的な感覚からすると、まずクロテッドクリームをぬり、その上からストロベリージャムという人が多いのではないだろうか。だが、これはどちらでもよいのである。

イギリス南西部のデヴォン州、ここはクロテッドクリームの名産地として知られるが、デヴォン州では、まずスコーンをナイフで横半分に割ったら、クロテッドクリームをぬり、その上からジャムをのせる。また、コーンウォール州では、まずバター、そしてジャムをぬり、その上からクロテッドクリームをのせるのだそうだ。

今日は、バターは添えられていないが、せっかくなので両方を試してみることにする。まずはデヴォン流。クロテッドクリームの脂肪分がスコーンに浸み込むことで、その生地にしっとり感が生まれ、ストロベリージャムの甘酸っぱい風味が強く感じられる。次にコーンウォール流では、クロテッドクリームを最後にのせることで、その甘すぎないなんとも上品な味わいがもっとも強調される。

そして、紅茶である。ティーセットには白地に金の縁どりがなされ、淡いタッチの赤やオレンジ、青に紫色といった花模様が絵付けされている。小さすぎず、そして大柄でないその絵柄は、シンプルなデザインでありながらもどことなく品のよさを感じさせる（図表67）。

お茶のマナーからすれば、はしたないこととされているのだが、それを承知でティーポットの蓋を開けてなかをそっと覗いてみる。茶褐色のダージリンの茶葉がしっかりと開いている。ダージリンの芳醇な香りが一瞬にしてひろがり、鼻腔の奥にスーッと入り込んで心地よくくすぐる。ティーカップに注ぎ、透明感のある琥珀色をひと口含んでみる。もちろん、ミルクは入れない。十分に蒸らされたダージリンの茶葉からは、その特有の刺激的な渋味がしっかりと出ており、爽快に口のなかにひろがっていく。セカンド・フラッシュをベースにしたダージリンのブレンドと思われる。まさに私好みである。

なんとも満ち足りたひととき。

とてもゆったりとした贅沢な時間がとろけそうに流れていた。

第6章　夢に見た日々

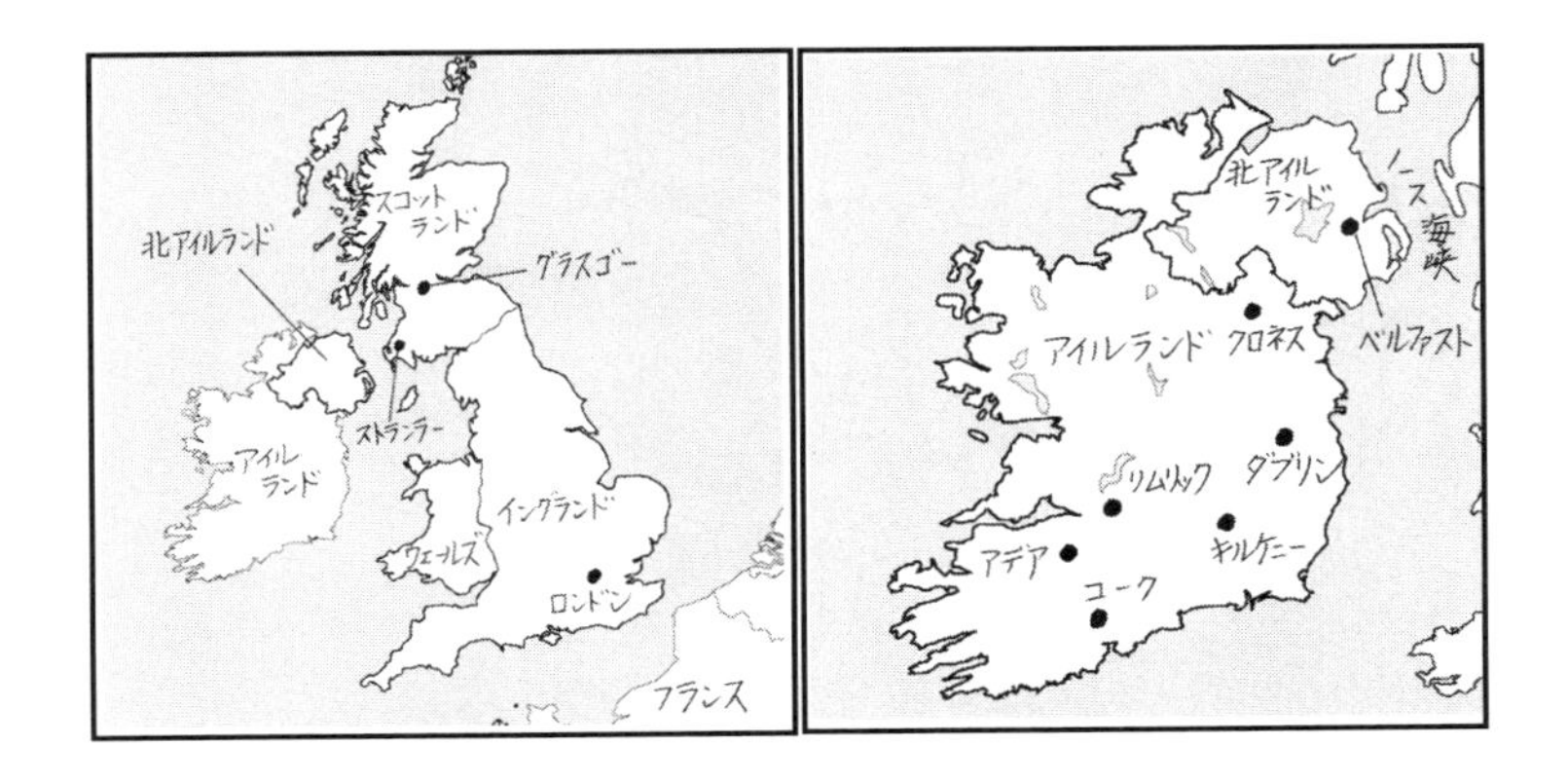
スコットランド
北アイルランド
グラスゴー
ストランラー
アイルランド
イングランド
ウェールズ
ロンドン
フランス
北アイルランド
ノース海峡
アイルランド
クロネス
ベルファスト
リムリック
ダブリン
キルケニー
アデア
コーク

1　アイルランド国花シャムロック

何処か見知らぬ異国の地を先生と二人、ただただひたすら歩いている。廻りの建物や道なりはいつか見たことのあるような一種の既視感（デジャビュ）さえおぼえる。が、果たしてそこが何処なのか、なにを目指して黙々と歩き続けているのか、皆目見当がつかない。それでも歩き続ける。紅茶を旅して帰国すると、私はいつしかそんな夢を毎日のようにしきりと見るようになった。

高度を徐々に下げていく飛行機の窓から眼下に目を向けると陸地が見えてきた。すでに午後の8時を廻っている、というのにまるで日中のようにまだ明るい。通り過ぎてゆく景色を眺めていると、本当に多くの緑地が眼につく。アイルランドは緑豊かな国だということがすぐにわかった。

ダブリン空港では、現地ガイドの山下直子さんが迎えに来てくれていた。山下さんは、かつて都内の旅行会社で60数か国を添乗していたが、アイルランドを添乗したことを契機に首都ダブリンに移り住み、以来アイルランドの観光ガイドになったのだという。観光ガイドの傍らビジネス訪問者の通訳などに加え、日本から来る雑誌やテレビ取材をコーディネートする仕事もされているのだそうだ。

山下さんが、移住までして魅了されたアイルランドとは、いったいどんなところなのか。そんな彼女のガイドはもちろんのこと、アイルランドで、いったい何が待っているのか期待せずにはいられない。

山下さんの上着の胸元には、アイルランド政府観光庁公認ナショナル・ツアーガイドの証であるシャムロックのバッジが誇らしげに輝いている。シャムロックは三枚の葉からなるマメ科のクローバーで、アイルランドの国花でもある。

山下さんのシャムロックのバッジを見ていてふと思い出した。祖先の故郷がアイルランドであるリプトン紅茶の創業者トーマス・リプトンは、後年世界的ヨットレース、アメリカス・カップにチャレンジするのだが、そのときのリプトンの愛艇の名が、たしか「シャムロック号」であったことを。

2　ニューデリーの約束

昨秋。

インド、ニューデリー近郊にある、とあるバザールはロウ・クラスに属する庶民の暮らしを支える市場で、とても活気にあふれていた。それは、まるで町の心臓部、庶民のエネルギーが脈打っているかのようであった。フルーツにカリー、お菓子、布地や雑貨などさまざまなお店を見て廻り、そんなバザールのようすを夢中になって写真に収めていると、ふと先生と二人だけになっていることに気がついた。

〈そうだ、今だ！　今しかない！〉

そう思った瞬間、私は先生にこう切り出していたのだ。

「先生、次はイギリスですか？」

「そうだね。そろそろ来年あたりは、イギリスもいいと考えているけれど」

「じつは、私はヨーロッパには、まだ一度も行ったことがないんです」

「本当？ じゃ、行こうよ！」

「はい！ 是非！ ただイギリスだとやはり5月下旬頃ですか？ 私は、それだと仕事の関係で日程の都合がつかないんですが。できたら4月の中旬から下旬にしてもらえるとありがたいんですが…」

イギリスに行くなら早くても5月、それも下旬以降がベストシーズンだと聞いたことがある。4月は、まだ寒いからだ。だが私が勤める区役所の仕事は会計年度といって、4月にはじまり翌年の3月に一つの年度が終わる。区役所のすべての支出や収入は3月までに確定した分を出納整理期間と称する4月から5月までの2か月間に完結させることになっている。すなわち、未払いのものは速やかに支払い、未収のものは納付してもらうよう促す。こうして5月末日をもって決算金額が事実上確定し、その詳細を6月初旬から整理しなくてはならないのである。だから5月下旬以降の日程では都合が悪いのだ。

「そう。じゃあ、4月の中旬頃にしよう」

私の心配をよそに、先生からは意外にもあっさりとした答えが返ってきた。

イギリスに行く。

イギリス、そこは茶園もなければ紅茶工場もない。そう、イギリスでは気候条件から茶の樹は育たないのだ。だが、紅茶文化を創造し、発展させてきたのはまぎれもなくイギリスである。

イギリス、一見に価する。

３　アイルランド紅茶のはじまり

とても長いフライトであったにもかかわらず、朝の眼覚めはよかった。まずは、首都ダブリンの街なかをぶらりと歩く。アイルランドといえば、ギネスビールとアイリッシュパブで有名だが、アイルランドの国民一人当たりの紅茶消費量は、年間一六〇〇杯とイギリスを抜いて世界第一位である。世界でもっとも紅茶を飲む国はイギリスかと思いきや、じつはアイルランドなのである。ダブリンの中心街にあるビューリーズ・オリエンタル・カフェは、アイルランドを代表するカフェだという。

１８３３年、イギリス東インド会社の中国貿易独占権が廃止され、これによりイギリスにおける中国茶貿易が自由化される。アイルランド人チャールズ・ビューリーは、１８３５年に逸早く中国の広東から直接ダブリンへ茶を大量に輸入する。これがビューリーズ紅茶のはじまり。と同時にアイルランド紅茶の歴史のはじまりでもある。

１８４０年、奇しくもアヘン戦争が勃発したこの年、チャールズの兄弟ジョシュア・ビューリーズがビューリーズ社を設立する。１８９４年にジョシュアの息子アーネストが、ビューリーズ・カフェ一号店を開く。１９２７年には現在のビューリーズ・オリエンタル・カフェが、ダブリンのグラフトン通りにオープンする（図表68）。

山下さんが前もって本社に連絡しておいてくれていたため、ビューリーズのマネージャー、ポー

【図表68 ビューリーズ・カフェ】

ルさんからカフェで直接に話を聴くことができた。ポールさんは、紅茶鑑定士でもあるという。現地で活躍されている山下さんならではの機転の効いたアレンジである。

ポールさんがアイルランドの紅茶について熱心に語ってくれた。彼の横でメモを取りながら、山下さんが同時通訳してくれる。

「アイルランドの国民一人当たりの年間紅茶消費量は、2・1キログラムもあって世界第一位です。飲む紅茶は、98％がオーソドックスなアイリッシュブレンドで、一番のお勧めはダージリンとアッサムのブレンドです。

アイルランド人は1日に四杯は紅茶を飲みますが、そのほとんどがミルクティーで、いわゆる着

香したフレーバーティーは一般には好まれません。若い人たちが試しに時々飲む程度で、全体のほんの２％くらいです。

また、アイルランドではアイスティーは飲みません。それと、ティーバッグティーについてはリーフティー同様にビューリーズでは、茶葉は品質の良いものを使っていますので、ふだんはティーバッグで飲まれることが多いです。

ビューリーズは年間１３００トンもの紅茶を輸入していますが、日本への輸出量は全体のほんのわずかです。最近のコーヒー事情についてですが、アイルランド人はふだん自宅では紅茶をたくさん飲みますが、外出先ではコーヒーを飲む習慣があります」

ポールさんによれば、アイルランド人は自宅では紅茶、外出先ではコーヒーというようにライフスタイルのなかで喫茶習慣の使い分けをしているという。なるほど、ここへ来る途中の道すがら、すでに日本でもお馴染みとなったアメリカはシアトル系カフェのチェーン店を何軒も見かけたが、それだけ需要があるということだったのだ。

カフェでスコーンにミルクティー、いわゆるクリームティーをいただく。スコーンには焼き加減にドライとウェットがあるそうだが、スコーンといえばモサッとした食感のものとばかり思っていた。ここビューリーズのスコーンはややウェットな感じである。ウェット感のあるスコーンを食するのは初めてであるが、引きのある生地のしっとりとしたなだらかな舌触りがとても新鮮で、品の良いやさしい甘さとのバランスも絶妙である。

【図表69 スコーンとミルクティー】

ミルクティーは、低温殺菌牛乳を使っているとみえ、紅茶の水色が残っていてきれいなクリームブラウン色。香りはとてもミルキーで味はさらりとしたライトな食感。私たちが学校給食の時代から、そして今も一般的に飲まれているUHTミルク（超高温滅菌牛乳）に特有の濃厚な風味、臭いやくどさがなく、ねばつく重さもない。このため飲み口はなんとも言えぬほど、すっきりとしている（図表69）。

4 イングリッシュ・マーケット

ダブリンから南下してキルケニー、そしてコークを目指す。ややうっとうしさを感じさせる曇天のなか、キルケニーへと向かうバスの車窓には、広大な牧草地に羊たちがのんびりと草を喰んでいる光景が流れる。なかには、まだよちよちと頼りない足どりでやっと歩いている仔羊の姿もある。そんな牧歌的な景色が延々と続いたかと思えば、突然にして住居がぽつんぽつんと立ちならぶといったように景色が変わり、そしてまた牧草地と羊が現れるといったその繰り返しである。アイルランドの豊かな自然を実感する。

アイルランドでの最初の昼食は、古都キルケニーの街通りにあるパブ風のレストランでいただく。飲み物はもちろん、紅茶と同じくらい好きな…。ここは正直に言おう、紅茶よりも大好きなビールである。アイルランドを代表するギネスビールでのどの渇きを潤す。前菜に続きメインの仔羊の肉はとても柔らかくて臭みもなく、お味はまぁまぁといったところだろうか。食後のデザート、リンゴのケーキもまぁまぁおいしい。

だが、なんといっても、リンゴのケーキに添えつけのクリームが絶品である。口のなかに入れると雪のようにサッと溶けてしまい、ネバネバとしない。そのさっぱり感が、得も言われぬおいしさなのだ。

もちろん紅茶もミルクは低温殺菌牛乳で、サラサラとした食感が口中にミルクのネバつき感を残さず、飲んだあと口もじつにすっきりとしている。山下さんによると、アイルランドの乳製品のおいしさには定評があり、その品質のよさはヨーロッパでもトップクラスだという。じっさいに食してみて納得である。

コークへと向かう車窓からはたくさんの牛たちの姿が見え、牧歌的としか言い表しようのない景色がやはりどこまでも続く。続く。コークの繁華街にあるイングリッシュ・マーケットは、地元市民たちが通う市場でとても活気にあふれていた。マーケット内にはあらゆる食材店がひしめき合い、豊富な野菜に新鮮な肉、魚、そして卵やチーズなどの乳製品がならぶ。海外の旅先で市場を覗くと、その国の生活が見えてくるというが、マーケットはアイルランドの豊富な乳製品に

【図表70 オバマ大統領のTシャツ】

あふれていた。店のなかには衣料品店もあり、さまざまなプリント柄のTシャツが売られていたが、なぜかアメリカ合衆国のオバマ大統領（当時）の顔をプリントしたものもあった（図表70）。

山下さんの話では、アイルランドは紅茶だけでなくミルクの国民一人当たり消費量も多いのだという。年間で180リットルにもなり、国民の一人が1日に平均して490ミリリットルのミルクを飲む計算になるのだそうだ。これはEU内では第一位で、おそらく世界第一位ではないかとのことである。

5 アイリッシュ・ウェザー

翌日、コークから北上してリムリック、そしてアデアの村を経由して、バスは再びダブリンへと向かう。山下さんによると、途中通りかかったモニゴル村というところは、アメリカ合衆国オバマ大統領ゆかりの地だという。オバマ大統領はハワイ州ホノルルの出身で、父はケニア出身のルオ族、母はカンザス州の出である。じつは、オバマ大統領の母方の先祖の故郷がモニゴル村なのだそうだ。

昨日訪れたコークのイングリッシュ・マーケットでオバマ大統領の顔をプリントしたTシャツが売られていたが、そういうことだったのだ。

ダブリンへともどり、市の中心街へと繰りだした。スッキリとしない空。今日も気温は低空飛行だ。バスを降りると、すぐさま小雨がちらついてきた。小雨ではあるが、やはり濡れてしまうほどなので折り畳み傘を広げる。が、まわりを見ると地元の人たちはほとんど雨傘など差さずに雨に打たれるがままにまかせて歩いている。小雨のそぼ降るなかを私はビューリーズ・オリエンタル・カフェへと向かって歩いた。昨日訪れたさいに紅茶を買い損なったので、そのことが心残りだったのだ。私は無類の方向音痴であるが、歩いているとカフェまでの道は不思議なくらい憶えていた。

カフェの若い男性店員が棚から数種類の紅茶缶を出して詳しく説明してくれた。英語の苦手な私は半分も聞き取れなかった。ならべられた缶の表示を一つずつ手に取って見ていくと緑色の缶にはアイリッシュ・アフタヌーンと書いてある。茶葉はなにが使われているのかと思い、缶の裏に貼られたシールを見るとアッサムにケニアとある。黄色い缶はアイリッシュ・ブレックファストとあり、茶葉はダージリンとアッサムのブレンド。赤い缶はダージリン。そして水色の缶はアールグレイでダージリンと中国産茶葉を使用とある。

これらの表示を見比べ、そのなかの一つを選んだ。私が選んだのは黄色いデザインの缶、アイリッシュ・ブレックファスト。もちろん好みの茶葉で選んだのであるが、昨日マネージャーのポールさんが一番のお勧めはダージリンとアッサムのブレンドだと言っていたのを思い出したからでもあった。値段は125グラムで5ユーロ35セント、約750円。妥当な値段だと思った。だが、やはりスリランカやインドなどとは異なり、物価は日本並みであることを痛感する。

ビューリーズ・オリエンタル・カフェを出る頃にはすっかり雨も上がっていた。しっとりとした空気が心地よい。噂には聞いていたが、雨が降ったかと思えばすぐにやんでしまう、アイリッシュ・ウェザーというのはじつに気まぐれなようだ。

6　リプトン先祖ゆかりのクロネス村

ダブリンのホテルを早朝6時に出発して向かったのは、アイルランドと北アイルランドとの国境に近いカウンティー・モナハンというところだった。モナハンのクロネス村は、リプトン紅茶の創業者、トーマス・リプトンの先祖ゆかりの地だという。トーマス・リプトンは、イギリスのスコットランドはグラスゴーに生まれたが、彼の両親や祖父母など先祖は、ここクロネス村で暮らしていたのだ。

クロネス村に着くと、地元のメアリーさんとコミュニティーグループの方が歓迎してくれた。さっそく、リプトンゆかりの地を案内してくれるという。向かったのはクロネス村の中心広場であるダイヤモンドに建つ聖ティアナックククロネス教区教会。現在の教会は19世紀に建てられたもので、17世紀のオリジナルの教会跡地に建造されたものだという（図表71）。

メアリーさんが、教会の敷地内にリプトン家の墓碑があるというので見せてもらう。墓碑の表面にはたくさんの文字が刻まれているが、かなり薄くなってしまっているのではっきりとは読み取ることができない。文字の最後には「June 1844」と刻まれている。１８４４年6月という意味だろうか。が、なぜか下二桁の４の数字は裏返しに反転した形で刻まれている。これには、なにか意味があるのか（図表72）。

いずれにしても、青い天空を突き刺すかのような大きな教会の敷地内に墓碑があることからして、リプトン家が村ではそれ相応の家柄だったことは想像に難くない。

【図表71 リプトン先祖の教会】

教会のなかに入ると、大きなステンドグラスが静寂な時の流れとともに、緩やかな陽光を射し込んでいた。壁面に据えられた白い彫刻の上部には大きくて立派な水瓶のレリーフがあしらわれている（図表73）。教会の外に出ると高台からはクロネスの村が一望できる。また教会の向こう側の丘にはカトリックの教会が建っているのも見える。

メアリーさんによると、ここクロネス村には今でもリプトンの名を残すショップがあるというので案内してもらう。セントティアナックパークへと向かう通りにあるそのお店の看板には、たしかに「リプトンズ」と書かれている。ただ、リプトン紅茶でお馴染みの赤地に白抜き文字ではなく、青い看板に文字は黄色で書かれている（図表74）。

　そして、その横には「SO MUCH MORE FOR LESS（より安く、よりたくさんの良いものを）」とある。このお店のキャッチフレーズのようだ。「茶園から直接ティーポットへ」というトーマス・リプトンの有名なスローガンを思い起こさせる。

　どんなお店なのか。なにがあるのか。興味津々でなかに入ってみる。お店は、外観からは想像できないほどなかに進むと奥行きがあり、ありとあらゆる物がところ狭しとばかりにならんでいる。が、期待は鮮やかに裏切られた。お店のなかに陳列された商品といえば、台所用品の洗剤などから

【図表72 リプトン家の墓碑】

【図表73 教会の水瓶レリーフ】

【図表74 リプトンズ・ショップ】

子どもの玩具といった類の物ばかりである。

ここは、いわゆる町のなんでも雑貨店だったのだ。だが、紅茶はなかった。

お店のオーナーであるトニーさんによると、ここは元々トーマス・リプトンの先祖が所有していた敷地で、トーマス・リプトンの祖父母が営んでいた食料雑貨品店の跡だという。トーマスの時代にはスコットランドはグラスゴーのリプトン社が、アイルランドへ輸出した商品をストアしておく倉庫だったそうだ。ちなみに、トニーさんはリプトン家とは、まったく縁もゆかりもないとのことである。

7　ジャガイモ大飢饉

中央アンデスの高地が発祥とされるジャガイモが、スペインによってヨーロッパにもたらされたのは16世紀末頃のこととされている。ジャガイモは18世紀にはアイルランドでも広く栽培されるようになる。アイルランドでは産業革命が起こったイギリス以上に人口が増加し、同じ耕作面積で小麦の４倍もの人を養えるジャガイモは、当時の人びとの生活に欠かせないものとなっていた。

もともとアイルランドはウェールズ、スコットランドと同じようにケルト人が住んでいたが、彼らはカトリックに改宗しており宗教改革以後しばしばプロテスタント、イギリスによる侵略を受けていた。エリザベス時代にもかなりの規模の植民が行われ、オリヴァー・クロムウェルと名誉革命後の征服によって、ほぼ全土がイギリスの植民地となる。

イギリスによるアイルランドへの圧政によりカトリック教徒の資産は農地などそのほとんどが没収され、多くのアイルランド農民はイギリス人を地主とする小作人の身分となってしまう。

小作人となったアイルランド農民は、農地の大部分から収穫した小麦を地主であるイギリス人に納め、残ったわずかの面積で「貧者のパン」と呼ばれたジャガイモを栽培して主食としていた。狭い耕作面積で十分な収穫量を得る作物はジャガイモしかない。ジャガイモはやせた土地でも育つこと、単位面積当たりの収穫量が断然多いこと、栽培技術や手間がそれほどかからないことなどもジャガイモが唯一の選択肢となった。しかし、その反面で単一作物の栽培に依存することは大きなリスクを伴うことになる。

当時のアイルランド農民の生活は、とても貧しいものであったという。粗末な衣服を着て、住まいはあばら家で非衛生的、食事は食べ物の種類も少なく、台所用品や食器類の乏しさが調理に多くの道具と時間を必要としないジャガイモを大いに歓迎したのである。19世紀初頭にはアイルランドの食糧供給は、ジャガイモ栽培に大きく依存することになった。

ところが、アメリカに端を発したジャガイモの虫害が１８４５年にヨーロッパ各地に上陸し、その年の８月にはアイルランドをも襲ったのである。この虫害はジャガイモの葉が黒く変色して後に腐敗する胴枯病で、後年フィトフィラ菌の感染によって発生する風媒伝染病であることがわかる。１８４５年から数年にわたって流行したジャガイモの胴枯病はアイルランドのジャガイモを全滅させ、多くの人びとが生活に困窮し、およそ１００万人もの餓死者を出したとも伝えられている。ジャガイモの大飢饉のほか、この頃流行した赤痢やチフスといった疫病の蔓延がさらに多くの死者を出すことになった。それでも、なんとか生き延びた人びとは生活の糧をもとめ、ある者はイギリスへ、またある者は新大陸アメリカへと逃げ延びていく。（『ジャガイモの世界史』伊藤章治・中公新書、『じゃがいもが世界を救った』ラリー・ザッカーマン、関口篤訳・青土社より）

アイルランドで真面目に働いていたある農民の夫婦もジャガイモ大飢饉のために仕事を失い、生活の希望をもとめてスコットランドへと移住した。彼らはやがてハムやバター、そして卵をおもな商品とする小さな食料品店を営むことになる。スコットランドに移住したこの夫婦に男の子が生まれ、名前をトーマスといった。彼こそが後に世界の紅茶王といわれるトーマス・リプトン、その人だったのである。

8　リプトン食料品店の謎解明

クロネス村からさらに北上して北アイルランドのベルファストへと向かう。ベルファストは、北アイルランドの中心都市でここはもうイギリスである。

1840年代後半にアイルランドを襲ったジャガイモ大飢饉により、多くのアイルランド人が新天地をもとめてスコットランドへと渡った。そのなかにトーマス・リプトンの両親の姿もあった。私たちもスコットランドを目指して、ここベルファストの港からノース海峡を横断することにした。アイルランドの紅茶の旅をガイドしてくれた山下直子さんとは、残念ながらここでお別れである。

ゆっくりと出港した大型フェリーの乗り心地は最初のうちさえよかったが、しばらくすると船体が大きくゆれはじめた。ずっと椅子に腰掛けていると船酔いしそうなので、私は売店を覗くついでに船内を歩き廻って気を紛らわすことにした。

船内を歩いているとフェリーの甲板が眼についた。すると海は強い風に吹かれ、波が大きくうねっている。大型船といえども船体が大きくゆれているはずである。水しぶきを覚悟して甲板に出てみる。髪が風になびく。吹きさらしの甲板で荒波を眺めながらしばしたたずんでいた。この海峡をかつてジャガイモ大飢饉による多くのアイルランド難民たちが、棺桶船と呼ばれる船に詰め込まれてスコットランドへと渡って行ったのだ。無事に陸地を踏むことができなかった者も大勢いたことだろう。それを思えば多少の船ゆれなどは、たいしたことはない。そう自分に言い聞かせた。

案じていたほど船酔いすることもなく、およそ2時間で到着したのはスコットランドのストランラーというところだった。ここからバスに乗り換えて約3時間、さらに北部にあるグラスゴーを目指す。バスの窓から見る風景は、アイルランドにそっくりである。ここスコットランドでも広大な牧草地で羊たちが草を喰んでいる。空には、のんびりと雲が泳いでいく。そんな長閑な牧歌的景色が延々と続き、小さな集落が現れたかと思えば、また羊たちが見える、その繰り返しだ。

もともとは農民だったトーマス・リプトンの両親が、アイルランドのジャガイモ大飢饉によりスコットランドに移住した後、なぜ食料品店をはじめたのか。じつは、その謎を解く鍵が、先ほど訪れたクロネス村のリプトンズ・ショップにあったのだ。

トーマスの両親がジャガイモ大飢饉によって農業を諦めたことは容易に想像できる。が、トーマスの祖父母、つまり両親の親たちもかつてはクロネス村で食料雑貨品店を営んでいたのである。だから、そうした祖父母の影響もあってトーマスの両親も食料品店をはじめたのではないかと考えられる。そんな両親の背中を見て育ったトーマスも、やはり卵やハム、ベーコンにチーズなどを乳製品が絶品な両親の故郷アイルランドから輸入しては販売したのである。

9　リプトンの墓碑・水瓶のレリーフ

今日は朝一番で、グラスゴーの街外れにあるサザン・ネクロポリスの共同墓地を訪ねる。ここにトーマス・リプトンが眠っているからだ。ネクロポリスとは墓地・埋葬場所のことで、ギリシャ語が語源で「死者の都」を意味するという。

共同墓地に到着すると早朝ということもあるが、さすが死者の都というだけあってピーンと張り詰めた空気が漂う。私たちよりほかに訪れる者もなく、ひっそりとしている。しかし、なんといっても冷たい北風に頭のてっぺんから足のつま先までもがさらされ、髪はかわいた風にからまれ、そうとうに寒い。

トーマス・リプトンのお墓は、芝生の敷地内を入ってずっと進んだ左手のさらに奥にあった。高さ2メートル20、30センチはあろうかという立派な墓碑である（図表75）。彼の墓碑で、まず眼をひくのはその上部にあしらわれた大きな水瓶のレリーフである（図表76）。ガイドのマリコさんによると、トーマスの先祖の故郷、アイルランドではよいことをした人には水瓶をシンボルに贈る慣わしがあるのだという。なるほど、昨日訪れたリプトン先祖ゆかりの教会内の壁面にも、これと同じような大きくて立派な水瓶のレリーフがあしらわれていたが、そういう理由（わけ）があってのことだったのだ。

【図表75 トーマス・リプトンの墓】

トーマス・リプトンは1931年にロンドンの郊外、オースィッジの邸宅で静かにこの世を去る。当時としては、81歳という長寿だった。生涯独身で身寄りのなかった彼の遺産は、郷里のグラスゴーに寄付され、遺言によって病人や貧民を救う施療院や病院の経費に充てられたという。一代で世界の紅茶王としての地位を築き上げ、今なお世界中の人びとに愛飲されているリプトン紅茶の創業者トーマス・リプトン。だが、イギリ

【図表76 水瓶のレリーフ】

スの老舗紅茶商トワイニングが１７０６年の創業以来、歴代今も続いているのとはじつに対照的といえる。

ところで。

春山行夫の博物誌Ⅶ『紅茶の文化史』（平凡社）には、トーマス・リプトンが亡くなるその2日前からのようすが詳しく紹介されている。この本は春山行夫の博物誌全七巻の一つで、おもに紅茶の歴史と喫茶風俗誌について記されているが、紅茶に関するものとしては資料的価値のある数少ない名著の一つである。そこで、春山氏の記述から一部を引いてみると、「リプトンが死んだのは１９３１年9月で、その月の13日には午前中戸外で動きまわり、夜は少数の友人と食事を共にし、玉突きを楽しんだが、その晩自室で倒れ、意識を失っているところを発見され、2日後にこの世を去った。葬儀は故郷のグラスゴーで行われ、彼の一家の墓のある貧民の墓地に埋められた。」とある。これによると、彼が亡くなったのは１９３１年9月15日ということとなる。

しかしながら、である。私は、リプトンの墓碑に刻まれた文字の最終行に眼が奪われた。ひょっとしてこれは？　そこには「DIED 2ND OCTOBER 1931.」とある（図表77）。墓碑に「死」の文字ととも

【図表77 リプトンの墓碑】

に「年月日」。となれば、いくら英語が苦手な私でも、日本語に訳せば「1931年10月2日没」というくらいのことはわかる。思いもよらぬ収獲であった。と同時に自らの足で稼いだ結果でもある。些細なことかもしれないが、やはり自分の足で現地を訪ね歩き、そして自分の眼で見る、探究心がいかに意味のあることかを痛感させられた。

リプトンのお墓参りもすませ、グラスゴー市内を見て廻る。マリコさんによると、グラスゴーのストップクロス・ストリートに開いたリプトンの一号店は、今ではその痕跡もなく高速道路の入口になってしまっているとのこと。だが、グラスゴー市内にある聖ジョージトロン教区教会は、トーマス・リプトンの葬儀が行われた教会だという。

それを聞いた私は、バスを降りると先生たちからこっそりと離れ、同行のママ（松崎さん）とともに教会まで行ってみることにした。リプトンの一号店がなくなっていたことは、ひどく残念であったが、リプトンの葬儀が行われた教会と聞いてはじっとしていられない。

マリコさんに先導され、先生たちはバスから降りると左手方向にあるジェームス・ワットの銅像へと向かった。ジェームス・ワットは、蒸気機関の改良に成功したことで有名なスコットランドの偉大な発明家である。だが、私にはリプトンの葬儀が行われた教会のほうがはるかに興味深い。ジェームス・ワットの銅像に見入っている先生たちをよそに、ママと二人で教会への道を急いだ。件の本にも「トーマス・リプトンの葬儀は故郷のグラスゴーで行われた」とあるが、この聖ジョージトロン教区教会こそが、まさにリプトンの葬儀が執り行われた場所だというのである（図表78）。

【図表78 リプトン葬儀の教会】

さっそく建物のなかに入ってみる。すると、そこには案内カウンターのようなものがあり、ゴシック建築と思われるその歴史ある外観とは異なりごくふつうの内装である。先生たちとは別行動をとっているため、建物の奥までは入って行けなかったが、どうやら今は教会ではなく、きれいに内装されたお店のようなものがいくつか入っていた。そばにいた店員さんらしき若い女性の話では、現在のように改装されたのはつい最近のことだそうだ。

10　ティーキャディボックス

ホテルのレストランで、スクランブルエッグにカリカリのベーコン、フレッシュ・トマト、クロ

【図表79 ポートベローマーケット街】

【図表80 アンティークのお店】

ワッサンに焼き立てのトースト、それにヨーグルトと紅茶の朝食をいただく。

ロンドンで私がもっとも楽しみにしていたものの一つが蚤の市、アンティークマーケットである。イギリス人のアンティーク好きは世界的にも有名だが、なかでもポートベローマーケットはロンドン最大のアンティークマーケットだという。地下鉄ノッティング・ヒル・ゲイト駅からラドブローク・グローブ駅までのストリート南北2キロにわたって、物凄い数のアンティーク店がならぶのだそうだ。マーケットがオープンしているのは毎週土曜日で、ポートベローロードには、さまざまなストゥールと呼ばれる屋台が軒を連ね、ロンドンの人たちにとってふだんは市場のポートベローも土曜日には観光地になるという（図表79・80）。

今日は、その土曜日である。ポートベローマーケットには朝早くから開いているお店もあると聞き、ホテルを7時30分に出る。朝早くに出発したのは、午前中の早い時間帯に諸外国からもディーラーたちがやって来て買いつけを行い、日中は観光客で混雑してしまうからだ。自分が本当に欲しい物を探すには、朝の早い時間帯からのり込むしかないのだ。

そんなポートベローマーケットでの私のお目当ては、「ティーキャディボックス」だ。ティーキャディボックスとは、紅茶がまだ王侯貴族や富裕層しか嗜むことができなかった時代に貴重な茶葉を保管した木箱のことである。客人があるとこの木箱をメイドに持ってこさせ、うやうやしく主人自ら鍵を開け、「これからお茶を入れましょう」と見せびらかすのだ。鍵を掛けるのは、メイドが高価な茶葉をくすねないようにするためである。

ティーキャディボックスは、海賊話などによく出てくる宝箱のような形をしている。蓋を開けると左右に茶葉を入れるスペースがあり、一方には紅茶、当時はウーロン系の半発酵茶を、もう一方には緑茶を保管しておく。左右の茶葉のスペースに挟まれた中央にはガラスの容器が据えられていて、そのなかで紅茶と緑茶を混ぜて、つまりブレンドして見せる。客人を邸宅に招いて高価で貴重なお茶を入れることは、当時のステイタスシンボルだったのだ。

私のお目当てがどこにあるのか。とにかく行ってみるしかない。とりあえず近くのお店から覗いていくことにする。すると私のお目当てのお店は、三軒目ほどで見つけることができた。お店のなかに入ると、ティーキャディボックスと思しき木箱がいくつも陳列されている。

「ティーキャディボックスを探しているんですけれどありますか。この写真のような物なんですが」

私は、先生の著書に載っている写真のカラーコピーを見せながら拙い英語で訊ねてみた。

「あるよ！」

ぶっきら棒な口調だが、毛糸の帽子にジャンパー姿のラフな格好をしたお店の主人らしき中年の男が即答した。

「木製か？」

「ええ、木製です」

そう訊かれて私は即座に返答したものの、木製でないティーキャディボックスとはどんな物なのかと一瞬考えた。ティーキャディボックスといえば、木製だとばかり思っていたからだ。だが、私が欲しいのは木製の物なので、あえて訊き返そうとはしなかった。木製でないとすれば、おそらくは銀製品などの小さな茶筒のことだろうと勝手に想像したのだ。後に知ることになるのだが、じつは銀製でできたティーキャディボックスというものも存在していたのである。

お店の主人が、ティーキャディボックスを二つほど見せてくれる。じっさいに見てみると、ティーキャディボックスというものが意外と大きな物だということがわかった。よくよく考えてみると、これまで紅茶本の写真でしか見たことがなかったので、実物の大きさというものを知らなかったのだ。ふつうのティッシュボックスを二つ重ねたくらいの大きさの物だと思い込んでいた。ティーキャディボックスの大きさは、横幅30センチ、高さ20センチ、奥行き15センチくらい。箱の上部三分の一ほどが蓋になっており、この蓋の部分が蝶番により開閉するようになっている。

お店の主人が見せてくれた物は、ボックスの側面に色付けした絵柄が施されており、いずれも私のイメージしていた先生の著書に載っているシンプルですっきりとした形とは違う。どうも気に入らない。お店の奥にはさらに別の部屋があって、そこには木箱が天井まで山積みにされ、まるで商品倉庫のようになっている。これらもすべてティーキャディボックスなのだろうか。

「店は9時開店だから、その頃また来てくれ」

私がはっきりとしないためか、お店の主人はそう言って私に店名の入ったポストカードを手渡すと、さぁ、開店の準備だ、品出しで忙しいからまた後で来てくれ、と言わんばかりの感じである。

この広いポートベローマーケットで、何十軒と足を棒のようにして歩き廻って探すことを覚悟していたのだが、じつにあっさりと見つけることができた。このお店の名はバーハム・アンティークス。お店の入口上には83と書かれている。番地を示すものだろうか。お店の開店時間だという9時までにはまだ1時間ほどあるので、それまでマーケット内にある他のお店も覗いてみることにした。

あとでわかったことだが、無料で配布されていたポートベローマーケットのオフィシャルガイドの小冊子によれば、このお店はティーキャディボックスなど箱物のアンティークを専門に取り扱っているところだったのだ。東京は神田神保町の古書店街で鍛えた獲物を探すカンが、古本探しではないがここでも冴えていると思った。

それから少しすると先生を見かけたので、なにかアドバイスがもらえればと思い、先程までの経緯を話てみることにした。

「そう、ティーキャディボックスね。僕もだいぶ前にここのマーケットで買ったけれど。じゃ、後でいっしょに見てあげるよ。値段交渉もしてあげるから」

なんと心強いことか。先生がいっしょに見立ててくれるという。しかも値段交渉までしてくれるというのだからありがたい。私はお店の開店時間である9時が待ち遠しかった。

約束の9時を少し廻ったので、先生とさっきのお店へと向かう。

「これはいいものだよ。ヴィクトリア時代の物さ」

お店の主人は、そう言って一つのティーキャディボックスを取り出して見せた。色形といい華美な感じはないが、なかなかよい物のようだ。だが、日本円にして8万円くらいと予算を大きく上回っている。

【図表81 ティーキャディボックス】

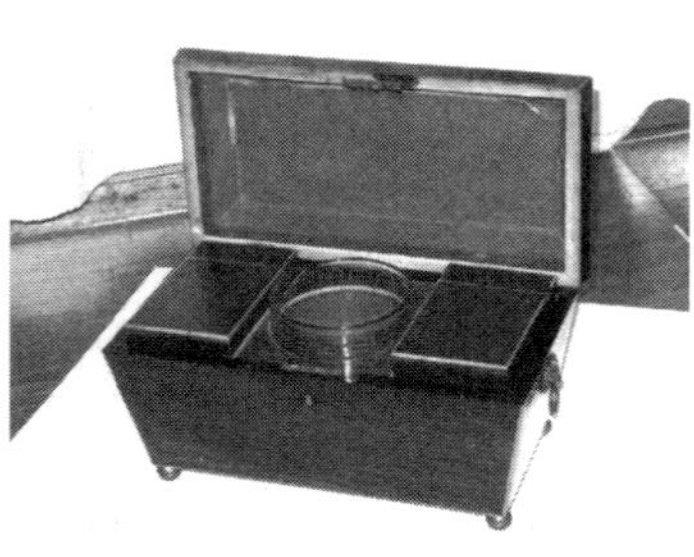

「じゃ、これなんかどうだ」

次に見せてくれたのは1830年頃の物だという。こちらも年代物である。先生の持っている写真の物にそっくりだ。箱の底には金具の脚が四つ付いており、箱の形も寸胴ではなくて蓋の部分と下の部分がその繋ぎ目に向かってひろがる形になっている。しかも箱の両脇には獅子の顔を模った装飾の取手の金具が付いているがけっして厭味がない。マホガニー材を使っているのか、木材の色合いもこげ茶色まではいいかないが濃い色目で品のある茶色がいい。ただ、中央にある紅茶と緑茶をブレンドするガラスの容器に少しひびが入ってしまっているのが、いささか気にならないではなかった（図表81）。

「釜さん。アンティークだから、このひびもまた味があるよ。僕の持っている物よりもずっと状態も形もいいよ」

先生にそう言われ、私はこれなら買ってもいいかなと思った。けっして豪華ではないが、そのシンプルでオーソドックスな色形が多様な表情を見せ、相応の年代を納得させる。

さて、そこで気になるのが値段である。いくらなのかと訊ねてみる。

「250ポンド」

お店の主人は、このくらいは当然するよ、と自信たっぷりな返答が返ってきた。日本円にして約4万円である。かなりの出費になる。四万円は正直言って痛いところだ。

「安くならないの」

さっそく、先生が値段交渉をする。

「240ポンド」

値段が下がった。約3万8400円である。

これはもう少し下がると思ったのか、先生がさらに値引き交渉をする。

「もう少し、安くならないの」

「…………。230ポンド。これ以上は負けられないよ」

少し考えてから主人が言った。

230ポンドまで下がった。約3万6800円だ。これなら買える。私は買うことにした。

「30分ほどしたらまた来てくれ。それでよければこの値段で売るよ」

すっかり買う気満々になった私としては、30分後と言わずに今すぐに売ってくれと言いたいところだったが、お店の主人がそう言うので、私は30分後にみたび訪れてようやくお目当てのティーキャディボックスを手に入れることができた。

獲物を手にして意気揚々と店の外へ出ると、ポートベローロードはとにもかくにも人、人、人…のにぎわい。買い物を楽しむ多くの観光客たちでひしめき合い、思うように足が前へと進まないほどごった返していた。

11 トワイニング本店訪問

ロンドンで私がもっとも楽しみにしていたものの、もう一つがトワイニング本店の訪問だ。トワイニングといえば、1706年創業、イギリスにおけるコーヒーハウスの時代を知る300年以上の歴史を誇る老舗中の老舗紅茶商である。

コーヒーハウスは、17世紀中頃から18世紀中頃に栄えたといわれている。その客層は文人、政治家、貿易商人、保険業者、海運業者などさまざまであり、これらの人びとが憩いの場、社交の場、そしてなにより情報の収集・交換の場として活用していた。

トワイニングは、創業者のトーマス・トワイニング（１６７５〜１７４１）から数えて、現在のスティーブン氏がその10代目当主を務める。スティーブン氏とのアポイントメントは午後2時。あまり早くに伺ってはご迷惑ではないかということで、昼食後にセントポール大聖堂の周辺を散策して時間調整をする。

だが、そんな心配はまったくの杞憂にすぎなかった。約束の時間5分前にストランド通りのトワイニング本店前に到着した私たちをなんということか、10代目スティーブン氏自らが出迎えてくれたのである。それも店内ではなく、お店前の通りで5分前よりずっと前から待っていてくれたのだという。これがトワイニング流、おもてなしの心なのかと甚く感激する。

【図表82 トワイニング本店】

テムズ河から北側のすぐ近く、王立裁判所の真向かいはストランド通り２１６番地にトワイニングのロンドン本店がある。両隣を高層ビルに挟まれ、埋もれるようにも見えるほんとうに小さな建物である（図表82）。店の間口にいたっては、両手を広げれば届いてしまうほどである。見る限りは、二階はなく平屋のようだ。あの世界的に有名

な紅茶のトワイニング本店が、こんなに小さな店舗で営業をしているのかと正直なところ驚いた。大きなビルにするでもなく、その質素で慎ましやかなたたずまいが、むしろ創業３００余年という英国屈指の老舗紅茶商の生きざまを感じさせる。

イギリスにコーヒーハウスが栄えた当時、そこは男性以外の客は立入禁止、すなわち女子禁制の場だった。そんな男性専用のコーヒーハウスであったが、これに一石を投じた人物がいた。トワイニングの創業者トーマス・トワイニングである。

トーマス・トワイニングがロンドンで「トムのコーヒーハウス」を開店したのが１７０６年。この頃、アン女王が毎朝紅茶を飲んでいるという噂がロンドン市民の間にひろまり、特に女性たちの間で紅茶が人気を博すことになる。

アン女王による宮廷における飲茶の風習は、「上の好むところは、下もこれにならう」というように宮廷貴婦人たちに、そしてこれらの貴族家庭に出入りしていた裕福な上流家庭の人びとの間で人気を呼ぶ。また産業革命により増加した中産階級の人びとに富の蓄積が進むと、上流階級の生活習慣に憧れ真似てみるというイギリス人の伝統的習性といわれる「スノッビズム（上流気どり）」が、紅茶文化をさらに流行させることになる。

すると、これに逸早く目をつけたトーマスは「トムのコーヒーハウス」の隣の建物を買収し、「ゴールデン・ライオン」というおもに紅茶を専門に扱う店をオープンさせる。１７１７年のことだった。女性も入れる店ということで「ゴールデン・ライオン」は紅茶をもとめる多くの女性客たちでにぎ

【図表84 トーマス・トワイニングの肖像画】

【図表83 トワイニングの店内】

わい、これがイギリス最初の紅茶専門店といわれている。

トワイニングの店内に入ると、そこはうなぎの寝床のように細長く奥へ奥へとつづいている。人の背丈ほどもある両サイドの棚には商品の紅茶がところ狭しとばかりにならぶ（図表83）。ふと眼線をあげると、壁の上部には額装されたトワイニング家歴代当主の肖像画が飾られている。

が、やはり、なかでもとりわけ異彩を放つのが創業者トーマス・トワイニング氏の肖像画である（図表84）。私の視線を捉えた、その圧倒的な存在感にふれると、思わず画の前で足が動かなくなる。スーッと引き込まれていく。その風貌はといえば、作曲家のバッハを思わせる髪型、これは当時流行した白髪のかつらであろう、それと穏やかな眼差しにわずかに微笑んだ口もとが印象深い。18世紀のイギリスを代表する肖像・風刺画家ウィリアム・

ホガースの筆によるものだという。色彩は地味で抑え気味なのだが、キャンバスからあふれ出る、その重厚なまでの質感と力感が茶商トワイニングの歴史そのものを物語っているかのようである。

私たちは、お店の一番奥にあるトワイニング・ミュージアムへと通された。そこはトワイニング家の歴史を伝える貴重な品々やファミリーツリー、いわゆる家系図などが展示されたトワイニングのヒストリーミュージアムになっていた。

ここでスティーブン氏からトワイニングの紅茶や歴史などについてお話を伺った後、質問タイムとなった。といっても、よほど緊張しているせいなのか、あるいは日本人の奥ゆかしさからなのか誰も質問しないので、ここは思い切って私が口火を切ることにした。

「日本ではトワイニングの紅茶というと、デパートで販売されている物はどちらかというと贈答品、高級紅茶といったイメージがあるのですが、イギリス、ロンドンなどではどうなのでしょうか」

「イギリス、ロンドンなどでも贈答品、高級紅茶としての性格が強いです…。とても良い質問でした」

最後の一言は、ちょっと間をおいてから破顔一笑、ご満悦のようすで答えられた。これには、皆も思わず笑みをこぼす。

先生が、待ち切れずに質問する。

「ミルク・イン・ファーストとミルク・イン・アフターについて、どうお考えでしょうか。また最近はイギリスでもコーヒーを飲む人が増えているようですが、そのことについてはどうでしょう。

それと紅茶の飲み方、スタイルの進化についてなにかお考えがありましたら教えてください」

「紅茶にミルクを最初に入れるか、それともミルクは後から入れるかですが、歴史的にはミルクが先、ミルク・イン・ファーストが正しいと思います。ただ、楽しんで飲んでもらうことが大事だと考えています。そしてイギリスのコーヒー事情ですが、かつてイギリスにはコーヒーハウスが２０００軒以上もありました。今コーヒーショップは2、３００軒くらいありますが、そういった歴史からもどうということではないと思います。それからトワイニングはここ数年でさらに世界への輸出が伸び、現在は１１５か国となりました。紅茶は健康によいことが世界中で認識され、安全な飲み物としてさらに伸びるだろうと考えています。誰でも飲めるということが素晴らしいと思います」

ここでようやく場の雰囲気ができたのか、皆もこれに続いて次々に質問し、スティーブン氏からはおよそ50分余り貴重なお話をしていただいた。

別れ際、やわらかく微笑みながら握手してもらったスティーブン氏の手は、がっしりと大きくて肉厚であったが、その手から伝わってくる温もりがいつまでも深く心に残った。

12　ロンドンでアフタヌーンティー

そろそろ夕刻にさしかかり、ロンドンのホテルでアフタヌーンティーと洒落込むことにする。イギリスでは、1662年にチャールズ二世（1630～1685）のもとにポルトガル王家から嫁いできたブラガンザのキャサリン王妃（1638～1705）が宮廷に飲茶の風習をもたらし、やがて貴族婦人たちや上流階級家庭にひろまっていく。1702年に即位したアン女王もまたキャサリンの後を継ぐかのように、たびたび宮廷でのお茶会を催したとされている。

今日、私たちの知る紅茶にフィンガー・サンドウィッチ、スコーンやケーキといったアフタヌーンティーの誕生については、次のようなエピソードが伝えられている。1840年代に第7代ベッドフォード公爵（1788～1861）の夫人アンナ・マリア・スタンホープ（1783～1857）が、午後5時頃にバターつきのパンと紅茶を食べることを思いつく。当時は1日2食の時代で、盛り沢山の朝食をとった後の夕食が午後8時から9時頃だったため、夕食までの長い時間の空腹を一時しのぎするためだった。すると、これがとても効果的だったので、知り合いの貴族婦人たちにも勧めたところ大好評となり、午後5時頃にお茶会を開くことが流行する。これがアフタヌーンティーのはじまりとされている。

【図表85 フィンガー・サンドウィッチ】

これから私たちがアフタヌーンティーを愉しむのは、有名デパートで知られるハロッズのあるエリ

【図表86 スコーンとケーキ】

ア、ナイツブリッジのスローンストリート通りに面したキャドガン・ホテルである。このキャドガン・ホテルは小規模ながら、女優リリー・ラントリーの邸宅だった後期ヴィクトリア朝時代の１８８７年に建てられたもので、作家のオスカー・ワイルドも常宿にしていたという。彼が、１８９５年に男色罪で逮捕されたときにも滞在していたという１１８号室の部屋が今でも残っている。

ロビーの奥に大広間があり、ここがティーサロンになっている。なかに入ると天井が高く、木目調の内装が印象的で、いかにも英国風といったクラシカルな雰囲気を醸し出している。インテリアも派手過ぎず、それでいてけっして地味過ぎない、そのたたずまいがエレガントな空間を演出してくれている。

ほどなくして、キュウリやハム、卵といったひと口サイズのフィンガー・サンドウィッチ、スコーン、そしてクリーム、イチゴ、チョコレートの三種類のタルトケーキがはこばれてきた（図表85・86）。紅茶はアールグレイとブレンドの二種類から好みのものを選ぶ。私たちのテーブルは、迷わずブレンドをチョイスした。食べる順番は、サンドウィッチ、スコーン、ケーキと塩味のあるものからいただいていくのが、一応のルールとなっている。

フィンガー・サンドウィッチのなかでもキュウリのサンドウィッチは、小口切りにしたキュウリの食感がたのしめるよう少し厚めで、バターにあわせたマスタードが全体を引き締めている。そしてスコーンだが、やはり本場のものは違う。ストロベリージャムとともにスコーンにぬるスプレッドのクロテッドクリームだ。バターと生クリームの中間の甘さ、口中でサッと溶けてしまう食感であるにもかかわらず、とてもコクがある。そのなんとも上品できれいな甘さが日本でいただくものとはひと味も、ふた味も違うのだ。そのおいしさたるや的確に表現する言葉が見つからないのがもどかしい。

紅茶は、憧れのロンドンのアフタヌーンティーということもあり、まずはひと口ブラックで含んでみる。ほどよい爽快な渋味が、繊細な芳香とともにすっきりと口のなかにひろがる。まさに私好みである。そして、徐にフレッシュ・ミルクを入れて今度はイングリッシュ・ミルクティーで飲んでみる。ここでもミルクはやはり低温殺菌牛乳で、そのさっぱりとしたあと口が紅茶の余韻をいつまでも愉しませてくれる。

ゆったりとした午後の紅茶のひとときを。

なんとも優雅な心持ちになっていた。

やさしい時間の流れにつつまれながら。

13　青い空の向こうで

翌朝、ホテルのエントランス先で紫煙をくゆらせていると、ロンドンの空は高く、青く澄みわたっていた。その青い海原をふんわりとした白い雲がゆっくりと気持ちよさげに泳いでいく。

バッゲージしたスーツケースには無数の擦れ傷がつき、赤、黄、白、オレンジ、緑といった夥しいシールが貼られている。すっかり剥がし損ねた、それら「SECURITY CHECKED」と印字されたシールは、互いに折り重なるようにしてへばりついていた。だが、心持ち草臥れたスーツケースの横顔は、どこか爽快感に満ちあふれているかのように見えた。

しばらくすると、一人、また一人、急ぎ足で発って行く。若いカップルや品のよさそうな白髪の老夫婦、にぎやかな男女のグループ、家族連れもいる。母親の繋いだ手を離した男の子が一目散に駆け出した。と思ったら、すぐさま転んでしまった。泣き出した男の子に母親がそっと寄り添い、抱き上げながら宥めて言い聞かせる。そんな、ようすを眺めながらしばしたたずんでいた。

4月のせいかもしれないが、冷たい風がやさしく頬をなでた。

午前10時だ。

著者略歴

釜中　孝（かまなか　たかし）

1964年、東京都生まれ。88年、東洋大学法学部を卒業後、同年豊島区役所に入庁。紅茶研究家磯淵猛氏との出逢いにより紅茶に興味をおぼえるようになり、以来磯淵氏に師事し、紅茶全般についての知識、技術等を学び「紅茶コーディネーター」の資格を取得。
紅茶、茶関係のさまざまな文献・資料を収集し、調査研究の日々を送るなか、同氏が主宰する「紅茶・食品研究科」を修了。また、これまでにスリランカ、インド、中国雲南省、アイルランド、スコットランド、ロンドンを歴訪し、各国の紅茶事情を視察する。紅茶の理解をより深めるためには、紅茶前史である茶そのものの歴史や文化をも考察することが不可欠であるとの持論のもとに紅茶を中心とした文化史の研究にも取り組んでいる。埼玉県在住。

紅茶エクスプレス
一翡翠色の茶園、琥珀色の時を紡いで

2017年９月14日　初版発行

著　者　釜中　孝　©Takashi　Kamanaka
発行人　森　忠順
発行所　株式会社 セルバ出版
〒113-0034
東京都文京区湯島１丁目12番６号 高関ビル５B
☎03（5812）1178　FAX 03（5812）1188
http://www.seluba.co.jp/
発　売　株式会社 創英社／三省堂書店
〒101-0051
東京都千代田区神田神保町１丁目１番地
☎03（3291）2295　FAX 03（3292）7687

印刷・製本　モリモト印刷株式会社

Printed in JAPAN
ISBN978-4-86367-360-1